Die Prüfung der Elektrizitäts-Zähler

Meßeinrichtungen, Meßmethoden und Schaltungen

Von

Dr.-Ing. Karl Schmiedel

Zweite
verbesserte und vermehrte Auflage

Mit 122 Abbildungen im Text

Springer-Verlag Berlin Heidelberg GmbH 1924

ISBN 978-3-662-32313-7   ISBN 978-3-662-33140-8 (eBook)
DOI 10.1007/978-3-662-33140-8

Vorwort zur ersten Auflage.

Die Literatur über Meßeinrichtungen und Meßmethoden zur
Prüfung von Elektrizitätszählern ist in Zeitschriften und Büchern
zerstreut. Das vorliegende Buch soll dem Zählerfachmann eine Zu-
sammenfassung möglichst vieler dieser Angaben bringen und ihm
durch Literaturangaben auch dort das Eindringen in die Materie erleichtern, wo der Gegenstand nur andeutungsweise besprochen wird.

Der Stoff konnte nicht an allen Stellen gleichmäßig ausführlich
behandelt werden, da der Umfang des Buches sonst zu groß geworden
wäre und die Übersichtlichkeit dadurch gelitten hätte. Dies gilt
insbesondere von dem Kapitel III über Meßinstrumente, wo nur eine
Aufzählung möglich war. Es gibt jedoch über den Gegenstand gute
Sammelwerke, in denen sich jedermann die gewünschten Auskünfte
holen kann.

Andererseits wurden manche nur noch wenig verwendete Apparate und Schaltungen angegeben, um auch dem weniger Erfahrenen
ein Bild darüber zu verschaffen, in welcher Weise die Meßeinrichtungen auf dem Zählergebiete in den letzten Jahrzehnten vervoll-
kommnet worden sind.

Besonderer Wert wurde darauf gelegt, auf die erzielbare Meßgenauigkeit und auf die richtige Anbringung von Korrekturen wiederholt hinzuweisen, da in dieser Hinsicht auch von Fachleuten mehr
Fehler gemacht werden, als man im allgemeinen annehmen sollte.

Die Grundlagen der Gleich- und Wechselstromtechnik, ebenso
das Wesen und die Wirkungsweise der Elektrizitätszähler sind an den
Stellen, wo theoretische Betrachtungen notwendig waren, als bekannt
vorausgesetzt. Wo es für das Verständnis besonderer Meßmethoden
oder Schaltungen erforderlich erschien, sind Literaturhinweise gegeben worden.

Der Verfasser ist sich bewußt, daß er nicht allen Ansprüchen
Rechnung tragen konnte. Er würde es deshalb besonders begrüßen,
wenn von den Lesern Wünsche auf Vervollständigung, Hinweise auf
nicht erwähnte Einrichtungen und Meßmethoden und anderweitige
Anregungen an ihn gelangen würden.

Der Physikalisch-Technischen Reichsanstalt, der Allgemeinen
Elektrizitätsgesellschaft, der H. Aron-Elektrizitätsgesellschaft, den

Isaria-Zählerwerken und den Siemens-Schuckertwerken möchte der Verfasser auch an dieser Stelle für die Überlassung von Abbildungen seinen besten Dank aussprechen.

Charlottenburg, im Juni 1920.

Karl Schmiedel.

Vorwort zur zweiten Auflage.

Bei der Bearbeitung der zweiten Auflage ist den Wünschen aus den Kreisen der Leser soweit wie möglich Rechnung getragen worden. Besonders erwähnt sei die Erweiterung des Abschnitts über die amtlichen Fehlergrenzen, die Hinzufügung des neuen Kapitels über die Prüfung der Strom- und Spannungswandler, die Umarbeitung der Eichschaltungen für Blindverbrauchszähler. Die neusten Prüfmethoden und die neusten Apparate, die z. T. noch nicht durch die Literatur bekannt geworden sind, sind aufgenommen worden. Dem Wunsche auf Hinzufügung vollständiger Schaltschemata für Eichstationen konnte nicht entsprochen werden, da das Buch sonst zu umfangreich geworden wäre. Die Abschnitte über Drehmoment- und Reibungsmessungen wurden gekürzt.

Es sei mir gestattet, auch an dieser Stelle den Herren Professor Dr. Schering, Dr. R. Schmidt, Dr.-Ing. von Krukowski meinen Dank für alle die Anregungen auszusprechen, die der Anlaß zu manchen Verbesserungen waren. Besonderer Dank gebührt den Herren H. B. Brooks und Ing. Kutzer für ihre bis ins einzelne gehende Kritik, die der Neugestaltung des Buches sehr zugute gekommen ist.

Schließlich möchte ich noch allen Firmen, die mir bereitwilligst Bildmaterial und andere Unterlagen zur Verfügung stellten, für ihr Entgegenkommen danken.

Charlottenburg, im März 1924.

Karl Schmiedel.

Inhaltsverzeichnis.

I. Einleitung und Allgemeines.

Das Messen galt bis vor kurzem in manchen Fachkreisen als eine Tätigkeit von untergeordneter Bedeutung, weil es keine produktive, sondern nur eine kritische Tätigkeit sei. In der Industrie wurden die Gesichtspunkte der kaufmännischen Kalkulation in betreff produktiver und unproduktiver Kosten auch auf die Laboratorien angewendet und so deren Einrichtungen nur ungenügend ausgebildet. Erst in neuerer Zeit hat sich die Einsicht Bahn gebrochen, daß nur die Einrichtung guter Laboratorien mit den modernsten Meßeinrichtungen eine genügende Vorbereitung künftiger Fortschritte in der Fabrikation verbürgen wird und daß nur eine ebensogut eingerichtete meßtechnische Kontrolle die dauernde Güte des Fabrikats gewährleisten kann.

Auch die Elektrizitätswerke haben verhältnismäßig spät den Wert einer regelmäßigen Kontrolle der installierten Zähler schätzen gelernt; nur einige Werke haben in der Erkenntnis, daß von der Richtigkeit der Zählerangaben die Einkünfte aus dem Verkauf der elektrischen Arbeit abhängen, beizeiten vorbildliche Einrichtungen geschaffen und lassen es sich angelegen sein, auch für die Ausbildung ihrer Zählerbeamten die nötige Zeit und die nötigen Kosten aufzubringen. So kann man denn erwarten, daß die sachgemäße Beurteilung und Pflege der Elektrizitätszähler bald auf eine Stufe kommen wird, die der sonstigen technischen Entwicklung dieser wirtschaftlich so bedeutsamen Werke entspricht.

Die folgenden Betrachtungen sollen einige allgemeinen Gesichtspunkte berühren, über die sich jeder zunächst Rechenschaft ablegen sollte, bevor er sich mit Messungen an Zählern befaßt.

1. Meßgenauigkeit.

Es ist eigentümlich, wie oft man Fachleute trifft, die sich schon lange Jahre mit Messungen beschäftigen, denen aber der Begriff der Meßgenauigkeit noch nicht in Fleisch und Blut übergegangen ist. Es sei deshalb ein kurzer Hinweis auf die Bedeutung der Meßgenauigkeit erlaubt.

Das Messen ist eine vergleichende Tätigkeit, die zu messenden Größen werden mit den definierten Grundgrößen verglichen. Dabei sind die Meßapparate nicht die Grundgrößen selbst, sondern wiederum geeicht, d. h. mit diesen verglichen worden. So kommt man also immer erst auf mehr oder weniger langen Umwegen zu den Grundgrößen. Wir nehmen beispielsweise an, daß wir einen in einem Stromkreis fließenden Strom messen wollen. Dazu benutzen wir einen Strommesser, den wir in den Stromkreis einschalten. Diesen Strommesser müssen wir vorher geeicht haben; wir haben zu diesem Zweck einen sogenannten Normalwiderstand mit ihm in Reihe geschaltet, an dessen Enden wir die Spannung mit einem Kompensationsapparat gemessen haben. Der Normalwiderstand, der für den Kompensationsapparat dauernd im Gebrauch ist, muß mit einem andern Normalwiderstand, der sich z. B. bei einem staatlichen Institut in besonderer Verwahrung befindet, dieser wieder mit einem Quecksilbernormal (z. B. bei der Physikalisch-Technischen Reichsanstalt) verglichen sein. Dieses erst kann als Grundgröße angesprochen werden. Das gleiche gilt für die Widerstände des Kompensationsapparates. Schließlich müssen wir uns noch auf die Spannung des (Westonschen) Normalelements für den Kompensationsapparat als Grundgröße beziehen. So kommen wir also etwa zu folgendem Schema:

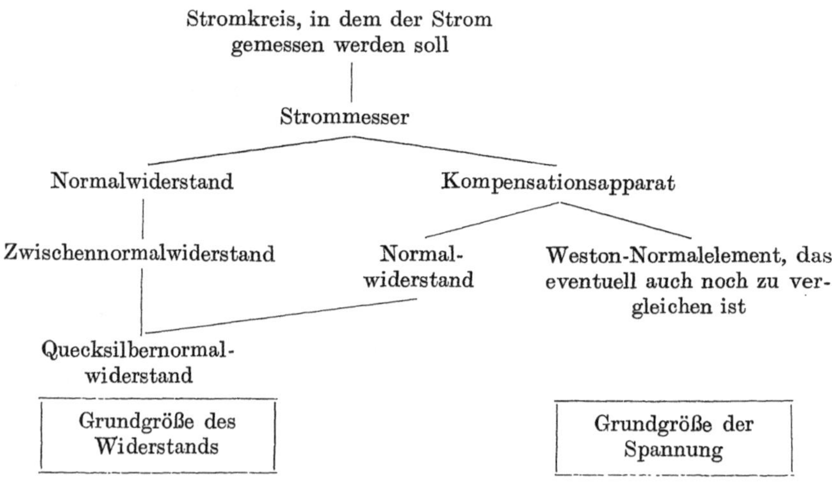

Daraus ergibt sich ohne weiteres, daß sich die Fehler, die bei den verschiedenen Eichungen auftreten, addieren können. Die Summe aller dieser Fehler ist ein Maß für die Meßgenauigkeit. Erste Bedingung für alle Messungen ist also, sich von der Meßgenauigkeit dauernd zu überzeugen; man kann sonst bei Messungen zu so großen Fehlern kommen, daß der Zweck der Messungen illusorisch wird. In unserem

Beispiel muß man sich z. B. vergewissern, daß die Meßfehler bei der Eichung des Strommessers verschwindend klein sind gegenüber der verlangten Meßgenauigkeit. Für Zählerprüfungen kann man dies immer dann annehmen, wenn man den Strommesser bei staatlich zugelassenen Anstalten (z. B. bei der Physikalisch-Technischen Reichsanstalt oder den dieser unterstellten Prüfämtern) prüfen läßt.

Die Meßgenauigkeit hängt aber weiterhin auch ab von der Art, in der man die Messung vornimmt. Mißt man z. B. eine Größe aus der Differenz zweier anderer Größen, so ist immer mit einer ziemlich hohen Meßgenauigkeit dann zu rechnen, wenn der als Differenz gemessene Wert von der Größenordnung des größeren der beiden Meßwerte ist. Ist dagegen der Differenzwert sehr klein im Verhältnis zu beiden Einzelmessungen, so hängt die Meßgenauigkeit dieses Wertes sehr stark von der Meßgenauigkeit der beiden Größen ab, aus deren Differenz man ihn errechnet hat.

Bei Wechselstrommessungen kommen nicht nur arithmetische Differenzen, sondern auch geometrische in Frage. Bestimmt man etwa einen kleinen Strom aus der Größe eines anderen Stromes und dem Phasenwinkel zwischen beiden, so hängt die Genauigkeit des kleinen Stromes außerordentlich von

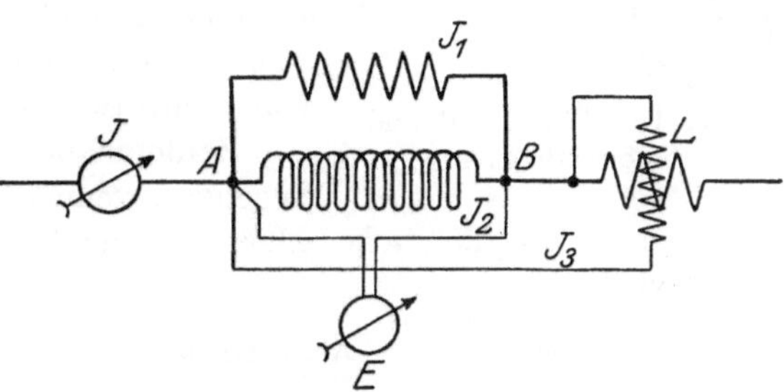

Abb. 1a. Widerstand und Selbstinduktion.

der Meßgenauigkeit ab, mit der der Phasenwinkel bestimmt wurde. Als Beispiel für beide genannten Fälle sei die Anordnung nach Abb. 1a angenommen.

Ein aus einer reinen Selbstinduktion und einem reinen Widerstand in Parallelschaltung bestehender Stromkreis soll an seinen Enden A und B nicht lösbar sein. Der Strom J_1 im reinen Widerstand soll bestimmt werden. Zur Messung braucht man einen Strommesser, einen Spannungsmesser und einen Leistungsmesser, mit denen man den Gesamtstrom J, die Spannung E zwischen den Punkten A und B und die Leistung L des gesamten Stromkreises mißt. Der Spannungsmesser und die Spannungsspule des Leistungsmessers sollen reine Ohmsche Widerstände haben, in denen die Ströme J_2 und J_3 fließen. Dann ist die Wirkkomponente des Gesamtstromes

$$J_w = J \cdot \cos \varphi.$$

Dabei ist $\cos \varphi$ zu bestimmen als Quotient aus der Leistung L und dem Produkt $E \cdot J$. Liegen die Verhältnisse so, wie in

Abb. 1b dargestellt, so ist die am Leistungsmesser abgelesene Leistung L (proportional J_w) sehr klein. Die Meßgenauigkeit für cos φ ist also abhängig von der Genauigkeit, mit der man den kleinen Wert L bestimmen kann. Mit einem gewöhnlichen Leistungsmesser kann man derartig kleine Beträge nur sehr ungenau messen. Man muß also im Notfall besondere Mittel zu Hilfe nehmen, wenn man die Meßgenauigkeit erhöhen will. Haben wir auf diese Weise den gesamten Wirkstrom $J_w = J_1 + J_2 + J_3$ ermittelt, so müssen wir von diesem noch die Summe der Ströme J_2 und J_3 im Spannungs- und im Leistungsmesser abziehen, um den gesuchten Strom J_1 zu erhalten. Hat man Instrumente benutzt, die einen ziemlich großen Stromverbrauch haben, so wird J_1 im Verhältnis zu $J_2 + J_3$ klein sein. Kann man J_2 und J_3 z. B. wegen der Erwärmungseinflüsse nicht sehr genau bestimmen, so leidet die Meßgenauigkeit für J_1 beträchtlich. Man muß dann entscheiden, ob nicht andere Instrumente oder auch andere Methoden für die Messung von J_1 anzuwenden sind.

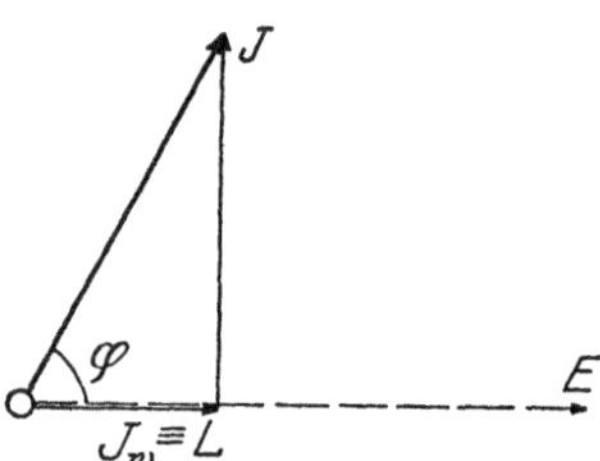

Abb. 1b. Widerstand und Selbstinduktion.

Zahlenmäßig ergibt unser Beispiel etwa folgendes, wenn wir bei allen Instrumenten annehmen, daß die hohe Meßgenauigkeit von $\pm 0{,}1$ Teilstrich erreicht wird.

	Soll-wert	Ablesung in Teilstrichen	Meßgenauigkeit in Teilstrichen	Prozenten
E	110 V.	110,0	$\pm 0{,}1$	$\pm 0{,}1$
J	5 A.	100,0	$\pm 0{,}1$	$\pm 0{,}1$
L	110 W.	22,0	$\pm 0{,}1$	$\pm 0{,}5$

$$\cos \varphi = \frac{L}{E \cdot J} = 0{,}2 \qquad \pm 0{,}7$$

$$J_w = J \cdot \cos \varphi = 1 \text{ A.} \qquad \pm 0{,}8$$

$J_3 \qquad 0{,}3$ A. $\qquad r_3 \pm 0{,}2\,\% \left.\right\}$
$J_2 \qquad 0{,}5$ A. $\qquad r_2 \pm 0{,}1\,\% \left.\right\}$ Genauigkeit der Widerstände

$$J_1 = J_w - J_3 - J_2 = 0{,}2 \text{ A.}$$

Der Strom J_1 kann entsprechend den angenommenen Meßgenauigkeiten der Widerstände zwischen den folgenden Werten schwanken:

$$J_1' = 1{,}008 - 0{,}2994 - 0{,}4995 = 0{,}2091 \text{ A,}$$
$$J_1'' = 0{,}992 - 0{,}3006 - 0{,}5005 = 0{,}1909 \text{ A.}$$

Die Genauigkeit, mit der man den Strom J_1 messen kann, ist also $\pm 4{,}5\,\%$.

Man sieht, wie ungenau eine Messung werden kann trotz Verwendung von vorzüglichen Präzisionsinstrumenten, die man vorher genau geeicht hat. Deshalb soll man bei den Zahlenangaben der Meßwerte nur so viele Stellen angeben, als man entsprechend der Meßgenauigkeit verantworten kann. Es hat keinen Zweck, ein mit geringer Meßgenauigkeit gewonnenes Resultat mit großer Genauigkeit auszurechnen und durch die Anzahl der Stellen sich und anderen eine Meßgenauigkeit vorzutäuschen, die gar nicht vorhanden ist. Andererseits soll man aber die Meßgenauigkeit immer durch die Anzahl der angegebenen Stellen kennzeichnen. Ist die Meßgenauigkeit z. B. so groß, daß man den Fehler in den Angaben eines Zählers auf $0,1\,{}^{0}/_{0}$ genau angeben kann, so soll man schreiben: Fehler $= 3,0\,{}^{0}/_{0}$ und nicht nur: Fehler $= 3\,{}^{0}/_{0}$.

Die wenigen Bemerkungen mögen genügen, um das Wesen der Meßgenauigkeit zu veranschaulichen. Wenn damit auch nicht alle vorkommenden Fälle getroffen sind, so wird der Hinweis immerhin zeigen, wie wichtig es ist, sich bei allen Messungen Rechenschaft über die Meßgenauigkeit zu geben[1]).

2. Die Konstante, der Fehler und die Korrektur.

Bei der Prüfung eines Elektrizitätszählers muß man unterscheiden zwischen den von dem Konstrukteur beabsichtigten maschinentechnischen Eigenschaften (Drehmoment, Reibungsmoment, Eigenverbrauch, Spannungsabfall) und seinen meßtechnischen Eigenschaften. Beide zu messen ist bei der Entwicklung neuer Typen von Wichtigkeit. Ist die Type entwickelt und in die laufende Fabrikation übergegangen, so wird sich die Kontrolle in der Regel nur auf die meßtechnischen Eigenschaften zu erstrecken haben. In diesem Falle ist also die Meßgenauigkeit des Zählers zu bestimmen. Diese drückt man meist durch den Begriff der Korrektur oder des Fehlers aus. Besonders der Begriff des Fehlers hat sich so eingebürgert, daß man den früher oft gebrauchten Begriff der „Konstante" kaum mehr verwendet. Konstante, Fehler und Korrektur werden folgendermaßen definiert: W ist der wirkliche Verbrauch im Netz (entsprechend dem Sollwert der Umdrehungen), A sind die Angaben (entsprechend dem Hatwert der Umdrehungen) des Zählers, dann ist die Konstante C (auch Reduktionsfaktor genannt) bestimmt durch

$$W = C \cdot A, \quad C = \frac{W}{A}.$$

Sie ist also der Wert, mit dem die Angaben des Zählers multipliziert werden müssen, damit man den wirklichen Verbrauch erhält.

Der Fehler ist die Abweichung der Angaben von dem wirklichen Verbrauch:

$$W \pm F = A, \quad \pm F = A - W.$$

---

[1]) Ausführliches über Meßgenauigkeit vgl. Kohlrausch, Lehrbuch der praktischen Physik, 14. Aufl., S. 1—31, 1923.

Bezieht man den Fehler, wie üblich, auf den wirklichen Verbrauch, so ist er in Prozenten

$$\pm F = \frac{A-W}{W} \cdot 100\,.$$

Der Fehler wird positiv, wenn die Angaben zu groß sind, negativ, wenn sie zu klein sind.

Die Korrektur k ist an den Angaben des Zählers anzubringen, um den wirklichen Verbrauch zu finden, also

$$A \pm k = W, \quad \pm k = W - A = \mp F\,.$$

Die Korrektur, auf den wirklichen Verbrauch bezogen, ist in Prozenten

$$\pm k = \frac{W-A}{W} \cdot 100\,[1])\,.$$

Konstante und Fehler stehen in folgender Beziehung zueinander:

$$\pm F = \frac{A}{W} - 1 = \frac{1}{C} - 1 = \frac{1-C}{C}\,,$$

$$C = \frac{1}{1 \pm F}\,.$$

3. Amtlich zugelassene Fehlergrenzen.

a) Verkehrsfehlergrenzen. In Deutschland sind zur Verrechnung der elektrischen Arbeit nur Zähler zugelassen, die die Verkehrsfehlergrenzen einhalten[2]).

Für Gleichstromzähler ist zwischen $10\,\%$ der Nennlast und der Nennlast der größtzulässige Fehler in Prozenten des jeweiligen Verbrauchs

$$\pm F = 6 + 0{,}6 \cdot \frac{P_N}{P}\,.$$

Dabei ist P_N der Nennverbrauch, P der jeweilige Verbrauch der Anlage. Bei $4\,\%$ der Nennlast ist noch ein einzelner Punkt vorgesehen, für den ein Fehler von $\pm 50\,\%$ zugelassen ist.

Für Leistungen unter $30\,W$ finden die Bestimmungen keine Anwendung.

Für Wechselstromzähler gelten die gleichen Grenzen, nur kommt bei einer Phasenverschiebung φ zwischen Strom und Spannung

---

[1]) Der Auffassung von Simons, ETZ 1916, S. 260, kann nicht zugestimmt werden. Er bezieht die prozentuale Korrektur auf die Angaben des Zählers und nicht auf den wirklichen Verbrauch. Seine Schlußfolgerungen sind dadurch auch hinfällig.

[2]) Ausführungsbestimmungen zum Gesetz, betreffend die elektrischen Maßeinheiten, vom 1. 6. 1898.

noch $2 \cdot \tan \varphi$ hinzu, so daß der zulässige Fehler zwischen 10% der Nennlast und der Nennlast folgende Werte annehmen darf:

$$\pm F = 6 + 0,6 \cdot \frac{P_N}{P} + 2 \cdot \tan \varphi.$$

b) Beglaubigungsfehlergrenzen. Die Verkehrsfehlergrenzen sind nach dem heutigen Stand der Technik sehr reichlich bemessen. Die meisten Werke fordern daher vom Fabrikanten, daß die gelieferten Zähler innerhalb der Beglaubigungsfehlergrenzen richtig zeigen.

Zur Beglaubigung durch die Physikalisch-Technische Reichsanstalt und die ihr unterstellten Prüfämter werden nur solche Zähler zugelassen, die folgende Fehlergrenzen nicht überschreiten[1]).

Gleichstromzähler.

a) Zwischen 5% der Nennlast und der Nennlast darf der Fehler in Prozenten des jeweiligen Verbrauchs nicht größer sein als

$$\pm F = 3 + 0,3 \frac{P_N}{P}.$$

Dabei ist wieder P_N der Nennverbrauch, P der jeweilige Verbrauch der Anlage. Die Zimmertemperatur soll zwischen 15 und 20^0 C liegen.

Für Netzleistungen unter 15 W. gilt diese Fehlergrenze nicht mehr.

b) Bei Überlast im Hauptstromkreis gilt folgendes: Bei Überschreitung der Nennstromstärke um $x\%$ darf die Abweichung vom wirklichen Verbrauch höchstens $x/_{10}\%$ mehr betragen als der höchste beim Nennstrom zulässige Fehler, der sich aus a) berechnet.

c) Der Zähler muß bei 1% der Nennleistung anlaufen.

d) Bis zu einer die Nennspannung um 10% übersteigenden Spannung darf der Vorlauf des Zählers nicht größer sein als $1/_{500}$ seiner Nennleistung entspricht.

Wechselstromzähler.

Zwischen 5% der Nennlast und der Nennlast darf der Fehler nicht größer sein als

$$\pm F = 3 + 0,2 \frac{P_N}{P} + \left(1 + 0,2 \frac{J_N}{J}\right) \tan \varphi$$

Prozent des jeweiligen Verbrauchs.

Dabei ist P_N der Nennverbrauch, P der jeweilige Verbrauch, J_N die Nennstromstärke, J die jeweilige Stromstärke, $\tan \varphi$ die trigonometrische Tangente desjenigen Winkels, dessen cos gleich dem Leistungsfaktor ist. $\tan \varphi$ ist immer positiv zu setzen, gleichgültig,

---

[1]) Vgl. E T Z 1914, S. 601. Erläuterungen dazu E T Z 1920, S. 638.

ob das Netz kapazitive oder induktive Belastung hat. In der folgenden
Tabelle sind die $\tan \varphi$ und $\cos \varphi$ nebeneinander gestellt. Darnach
kann man sich $\tan \varphi$ als Funktion von $\cos \varphi$ als Kurve auf Millimeterpapier zeichnen, wenn man häufiger Fehlerrechnungen vornehmen
muß.

$\cos \varphi$	$\tan \varphi$
1	0
0,9	0,4843
0,8	0,7500
0,7	1,021
0,6	1,333
0,5	1,732
0,4	2,291
0,3	3,179
0,2	4,899
0,1	9,950
0	∞

Die Zimmertemperatur soll zwischen 15 und 20° C liegen.

Bei Mehrphasen- und Mehrleiterzählern ist die jeweilige Strom-
stärke als arithmetischer Mittelwert der in den einzelnen Leitern mit
Ausnahme des Nulleiters fließenden Stromstärken zu berechnen. Der
Leistungsfaktor wird aus dem Verhältnis der gesamten wirklichen
Leistung zu der arithmetrischen Summe der scheinbaren Leistungen
aller Phasen oder Leiter gebildet.

Für Leistungsfaktoren unter 0,2 gelten die Bestimmungen nicht
mehr.

Die unter b), c) und d) für Gleichstromzähler angegebenen Bedingungen gelten gleicherweise für Wechselstromzähler. Die Bedingung für den Anlauf gilt für induktionsfreie Last.

Wechselstromzähler in Verbindung mit Meßwandlern.

Für Zähler, die nur in Verbindung mit Meßwandlern arbeiten
sollen, darf der Fehler nicht größer sein als

$$\pm F = 2 + 0{,}2\,\frac{P_N}{P} + \left(1 + 0{,}2\,\frac{J_N}{J}\right) \cdot \tan \varphi$$

Prozent des jeweiligen Verbrauchs.

Im übrigen sind die Bestimmungen die gleichen wie für die anderen
Wechselstromzähler.

Blindverbrauchszähler.

Für Blindverbrauchszähler gelten die oben genannten Fehlergrenzen der Wirkverbrauchszähler mit folgenden Abänderungen[1]): an
Stelle der Nennlast P_N tritt die Nennblindlast B_N, an Stelle der

---

[1]) ETZ 1923, H. 34, S. 814.

jeweiligen Last P die Blindlast B, an Stelle von tan φ tritt cot φ. Die Fehlergrenze gilt für B zwischen $5\,\%$ und $100\,\%$ der Nennblindlast und für cos φ zwischen 0,98 und 0, d. h. für sin φ zwischen 0,2 und 1.

Meßwandler.

An die Meßgenauigkeit der Meßwandler werden je nach dem Verwendungszweck verschiedene Anforderungen gestellt[1]). Für den Anschluß von Zählern kommen fast nur solche Wandler (Klasse E) in Frage, die den von der Physikalisch-Technischen Reichsanstalt für beglaubigungsfähige Wandler vorgeschriebenen Bedingungen[2]) entsprechen. Diese sollen im folgenden angeführt werden.

Stromwandler. Der Sekundärkreis muß bis zu 15 VA belastet werden können, ohne daß folgende Fehlergrenzen überschritten werden:

$\pm\,0,5\,\%$ des Sollwerts des Übersetzungsverhältnisses zwischen $20\,\%$ des Nennstroms und dem Nennstrom; $\pm\,1\,\%$ zwischen 20 und $10\,\%$ des Nennstroms.

$\pm\,40$ Minuten Abweichung von der $180\,^0$-Verschiebung zwischen. Primär- und Sekundärstrom zwischen $20\,\%$ des Nennstroms und Nennstrom; $\pm\,60$ Minuten zwischen 20 und $10\,\%$ des Nennstroms.

Die Fehlergrenzen gelten für das auf dem vorschriftsmäßigen Schild aufgeschlagene Frequenzbereich und für Leistungsfaktoren der sekundären Last zwischen 1 und 0,5. Sie müssen unabhängig von der Lage der Anschlußleitungen und von der Einschaltdauer innegehalten werden.

Spannungswandler. Der Sekundärkreis muß bis 30 VA belastet werden können, ohne daß folgende Fehlergrenzen überschritten werden:

$\pm\,0,5\,\%$ des Sollwerts des Übersetzungsverhältnisses zwischen 80 und $120\,\%$ der Nennspannung.

$\pm\,20$ Minuten Abweichung von der $180\,^0$-Verschiebung zwischen Primär- und Sekundärspannung für das gleiche Spannungsbereich, wie oben.

Die Fehlergrenzen gelten für das auf dem vorschriftsmäßigen Schild aufgeschlagene Frequenzbereich und für Leistungsfaktoren der sekundären Last zwischen 1 und 0,5. Sie müssen unabhängig von der Einschaltdauer innegehalten werden.

Bei mehrphasigen Spannungswandlern müssen die Bedingungen der einphasigen Wandler für jede Phase eingehalten werden, wenn alle Phasen der Primärseite gleichzeitig erregt sind. Bei dreiphasigen Wandlern mit herausgeführtem Sternpunkt müssen die Bedingungen sowohl für die verketteten als auch für die Sternspannungen erfüllt sein.

---

[1]) Regeln des Verbandes Deutscher Elektrotechniker für die Bewertung und Prüfung von Meßwandlern, ETZ 1921, S. 209, 212, 836.

[2]) ETZ 1914, S. 601.

Fehlergrenzen anderer Länder.

Die in anderen Ländern zugelassenen Fehlergrenzen sind seinerzeit von A. Durand[1]) zusammengestellt worden. Heute haben sich demgegenüber manche Änderungen vollzogen; wir möchten hier nur auf die neuen schweizerischen[2]), englischen[3]) und Pariser[4]) Vorschriften hinweisen. Um die Unterschiede zwischen den Bestimmungen der einzelnen Länder auszugleichen, haben E. König und F. Buchmüller einen „Entwurf zu Richtlinien betreffend die Systemprüfung von Elektrizitätsverbrauchsmessern und Meßwandlern" veröffentlicht[5]), der jedoch bisher zu keiner Vereinheitlichung geführt hat.

4. Bestimmung des Fehlers bei den einzelnen Zählerarten.

a) Zählwerksablesungen. Bei allen Zählern kann man aus der Ablesung des Zählwerks und der Messung der Leistung über eine gewisse Zeit den Fehler bestimmen. Die Ablesung am Zählwerk entspricht den Angaben A, das Produkt aus der mittleren Leistung L und der Zeit t, während welcher gemessen wurde, dem wirklichen Verbrauch W. Der prozentuale Fehler ist dann

$$\pm F = \frac{A - Lt}{L \cdot t} \cdot 100.$$

Die letzte Scheibe bei Zeigerzählwerken und die letzte Rolle bei Rollenzählwerken ist oft so fein unterteilt, daß man bei Vollast und bei einer Ablesung von etwa 10 Minuten Dauer mit einer Ablesegenauigkeit von einigen Promille rechnen kann. Die Übersetzung auf das Zählwerk ist bei modernen Zählern immer so gewählt, daß man direkt die gezählten Kilowattstunden ablesen kann. Die Leistung L mißt man am Leistungsmesser in Watt, die Zeit t mit der Stoppuhr in Sekunden. Das Produkt $L \cdot t$ muß man also noch durch $1000 \cdot 3600$ dividieren, um den wirklichen Verbrauch in Kilowattstunden zu erhalten.

Während man bei Motorzählern nur selten auf diese Art mißt, sondern gewöhnlich die Umdrehungen des Ankers selbst zählt, um die Zeit für die Messung abzukürzen, muß sich bei Elektrolytzählern

---

[1]) Congresso Internazionale Delle Applicazioni Elettriche. Torino, Vincenzo Bona: 1911; Lumière Electrique, Ser. 2, Bd. 16, S. 291 (1911); L'Electricien, Ser. 2, Bd. 42, S. 356ff.

[2]) Vollziehungsordnung, betreffend die amtliche Prüfung und Stempelung von Elektrizitätsverbrauchsmessern vom 19. Dezember 1916.

[3]) British standard specification for electricity meters (revised january, 1919). British Engineering Standards Association Nr. 37, 1919.

[4]) Règlement du 8 juin 1909, concernant les installations intérieures d'électricité; Articles modifiés par arrêté du préfet de la Seine du 22 février 1921.

[5]) Bulletin des Schweizerischen Elektrot. Vereins 1922, Nr. 4, S. 141.

die Ablesung an der Skala des Meßgefäßes stets auf lange Zeit erstrecken. Bei großen Belastungen braucht man oft eine Stunde und länger, bei kleinen Belastungen mehrere Tage, um noch eine genügende Meßgenauigkeit zu erhalten.

Bei Doppelpendelzählern der H. Aron El.-Ges. müssen die Zifferblattablesungen auf 6 volle Umschaltperioden ausgedehnt werden, dauern also bei den normalen Ausführungen rund eine Stunde.

b) Zählen der Ankerumdrehungen oder Oszillationen. Bei rotierenden oder oszillierenden Motorzählern bestimmt man den Fehler meist aus den Umdrehungen oder Oszillationen des Ankers, der zugeführten Leistung und der Zeit, während der die Umdrehungen oder Oszillationen gezählt werden. Man kann dabei für alle Belastungen bis zu den kleinsten Werten herunter mit einer Beobachtungszeit von etwa 1 Minute auskommen (vgl. auch Kapitel IV).

Auf dem Zifferblatt des Zählers oder auf einem besonders angebrachten Schild befindet sich neben den Angaben über Nennspannung, Nennstromstärke, Nennfrequenz und anderen notwendigen Daten die Angabe des Übersetzungsverhältnisses

$$1 \text{ Kilowattstunde} = a \text{ Umdrehungen.}$$

Bei einer Leistung L in Watt, die man am Leistungsmesser abliest, mache der Zähleranker n Umdrehungen (oder Oszillationen) in t Sekunden. Würde der Zähler richtig zeigen, so müßte er in $L \cdot t$ Wattstunden oder $\dfrac{L \cdot t}{1000 \cdot 3600}$ Kilowattstunden

$$m = \frac{a \cdot L \cdot t}{1000 \cdot 3600} \text{ Umdrehungen}$$

gemacht haben. Aus dem Verhältnis zwischen dem Sollwert m und dem Hatwert n der Umdrehungen erhält man die Konstante des Zählers

$$C = \frac{m}{n} = \frac{a \cdot L \cdot t}{n \cdot 1000 \cdot 3600}.$$

Da der Fehler, wie oben gezeigt, mit C in der Beziehung steht

$$F = \frac{1 - C}{C},$$

so kann man sich eine Tabelle machen, in der ein für allemal die zu bestimmten C gehörenden F nebeneinander stehen.

Oft verfährt man so, daß man die Leistung L unter Berücksichtigung der bekannten Skalenkorrektion des Leistungsmessers auf den gewollten Wert, z. B. 10, 20, 30, 40 ... $^0/_0$ der Nennleistung einstellt, die zugehörenden sekundlichen Soll-Umdrehungen

$$\frac{m}{t} = \frac{a \cdot L}{1000 \cdot 3600}$$

berechnet und diese mit den durch Zählen bestimmten sekundlichen Hat-Umdrehungen $\dfrac{n}{t}$ vergleicht. Die Konstante ist dann

$$C = \frac{m/t}{n/t}$$

und der Fehler

$$F = \frac{n/t - m/t}{m/t}.$$

Man wählt eine durch die Anzahl der gewollten Belastungsstufen teilbare Anzahl von Soll-Umdrehungen m so, daß die sich aus dem Übersetzungsverhältnis ergebende (für alle Belastungsstufen gleiche) Sollzeit t_S in der Nähe von 60 Sekunden liegt; für die verschiedenen angenommenen Belastungsstufen bestimmt man nun die Hatzeit t_H, wobei man die Hat-Umdrehungen n den Soll-Umdrehungen m gleichsetzt. Dann geht die obige Fehlergleichung in die Form über:

$$F = \frac{t_S - t_H}{t_H}.$$

Diese Methode ist bequem, aber insofern für genaue Messungen nicht verwendbar, weil man den Zeiger des Leistungsmessers meist nicht auf einen bestimmten Teilstrich einstellen kann, sondern ihn auf einen Wert zwischen zwei Teilstrichen einstellen muß (vgl. Kap. III).

c) Koinzidenzen bei Pendelzählern. Zur Abkürzung der Beobachtungszeit bei Doppelpendelzählern hat Orlich[1]) eine Methode angegeben, um aus dem Übersetzungsverhältnis der Pendel auf das Zählwerk und den Koinzidenzen der mit verschiedenen Schwingungszahlen schwingenden Pendel die Angaben des Zählers zu bestimmen. Die Beobachtungszeit muß sich dabei auf etwa 5 bis 20 Minuten für jede Ablesung erstrecken. Die Beobachtung erfordert eine sehr gespannte Aufmerksamkeit und die Bestimmung der Übersetzungskonstanten beansprucht so viel Zeit, daß diese nur in seltenen Fällen durch den Gewinn an der Beobachtungsdauer ausgeglichen wird, der sich dabei gegenüber der Zifferblattablesung erzielen läßt. Zudem ist die Einteilung der letzten Ziffernscheibe meist so genau, daß die Zifferblattablesung nur wenig mehr Zeit erfordert. Der Hinweis auf diese sehr interessante Methode mag deshalb hier genügen. Wer sich weiterhin über die Eichung und Einregulierung von Pendelzählern unterrichten will, dem sei das Studium des sehr gründlichen Aufsatzes von Hommel[2]) empfohlen.

---

1) ETZ 1901, S. 94—98.
2) Über die Fehlerkurven des Pendelzählers, Arch. Elektrot., 1920, S. 167.

5. Die Fehlerkurve des Zählers und die mittleren Angaben für die Verrechnung mit dem Konsumenten.

Nachdem wir die Bestimmung der Größe des Fehlers besprochen haben, wollen wir uns klar darüber werden, welchen praktischen Wert es für die Verrechnung mit dem Konsumenten hat, die Fehler des Zählers bei verschiedenen Belastungen, aus denen man die sogenannte Fehlerkurve des Zählers zeichnet, zu kennen.

Nehmen wir an, der Konsum eines Anschlusses schwanke nach dem Konsumdiagramm Abb. 2, die Fehlerkurve des Zählers sei durch Abb. 3 gegeben. Der wirkliche Verbrauch W ist im Konsumdiagramm durch die Flächen, welche von ausgezogenen Linien begrenzt werden, dargestellt, die Angaben A des Zählers sind durch die punktierten Linien begrenzt, wobei der Maßstab für die Abweichungen zwischen W und A der Deutlichkeit halber fünfmal zu groß gewählt ist. Das, was der Konsument zu viel oder zu wenig bezahlt, ist gegeben durch $\Sigma A - \Sigma W$, dargestellt durch die

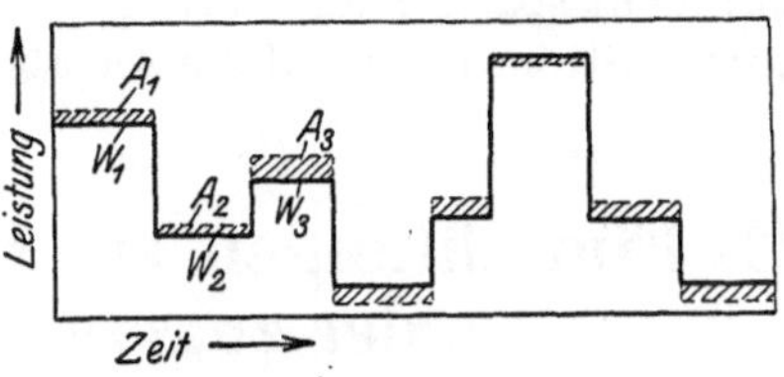

Abb. 2. Konsumdiagramm.

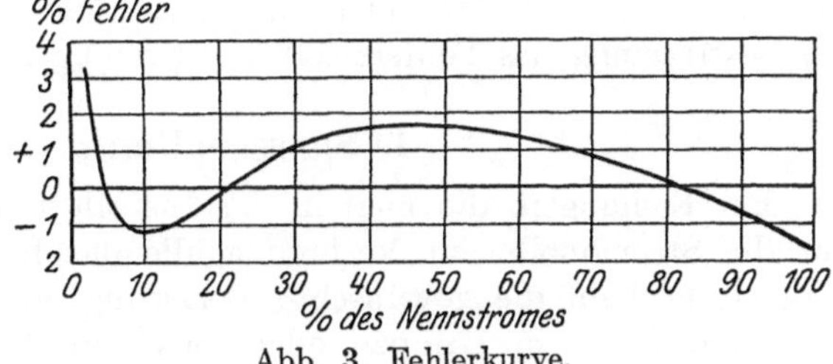

Abb. 3. Fehlerkurve.

Differenz der Flächen, die die ausgezogene und die punktierte Konsumlinie mit der Abszissenachse bilden, also die Summe der in Abb. 2 schraffierten Flächen. Daraus erhält man einen mittleren Fehler

$$F_m = \frac{\Sigma A - \Sigma W}{\Sigma W} = \frac{A_1 + A_2 + A_3 + \cdots + A_n}{W_1 + W_2 + W_3 + \cdots + W_n} - 1.$$

Da $A_1 - W_1 = F_1 \cdot W_1$ usw., so kann man die Gleichung auch so schreiben, daß die für die einzelnen Belastungen aus der Fehlerkurve entnommenen Fehler darin auftreten:

$$F_m = \frac{F_1 \cdot W_1 + F_2 \cdot W_2 + F_3 \cdot W_3 + \cdots F_n \cdot W_n}{\Sigma W}$$

$$= F_1 \cdot \frac{W_1}{\Sigma W} + F_2 \cdot \frac{W_2}{\Sigma W} + F_3 \cdot \frac{W_3}{\Sigma W} + \cdots + F_n \cdot \frac{W_n}{\Sigma W}.$$

Man ersieht hieraus, daß der mittlere Fehler F_m immer kleiner ausfallen muß, als der größte Fehler, den man aus der Fehlerkurve entnehmen kann.

Diese Überlegung ist an und für sich so selbstverständlich, daß man sie wohl für überflüssig halten könnte. Wir haben sie dennoch gemacht, um uns ganz klar darüber zu sein, worauf es im Endzweck bei der Bestimmung der Fehlerkurve ankommt. Auch taucht immer noch ab und zu die Meinung auf, daß die Fehler bei schwankender Belastung größer sind als die aus der Fehlerkurve des Zählers abgelesenen. Dabei soll nicht späteren Erörterungen über den Einfluß von oft wiederholten kurzen Stromstößen auf die Angaben von Zählern vorgegriffen werden[1]).

II. Einrichtungen zur Erzeugung und Regelung der zugeführten Leistung.

Wie wir oben gesehen haben, müssen wir zur Bestimmung des Fehlers einesteils den wirklichen Verbrauch im Netz, andernteils die Angaben des Zählers messen. Wir wollen vorerst die Einrichtungen und Instrumente besprechen, die wir für die Erzeugung und Regelung der zur Eichung notwendigen Leistung im Laboratorium und im Eichraum brauchen und dann erst auf die Einrichtungen eingehen, die für die Bestimmung des Fehlers selbst notwendig sind.

1. Sparschaltung.

Bei Eichungen, die man in der Installation vornimmt, hat man nur die Stromquelle zur Verfügung, die das betreffende Netz speist. Man stellt dann die gewünschte Belastung entweder durch die vorhandenen Motoren, Lampen oder sonstigen Apparate her, oder benutzt, insbesondere bei kleineren Anlagen, transportable Belastungswiderstände, wie sie weiter unten beschrieben werden.

Bei dieser Art der Belastung verbraucht man die ganze Arbeit, die vom Zähler angezeigt wird. Im Laboratorium und im Eichraum würde eine solche Belastungsweise besonders bei Zählern für große Leistungen große Stromquellen voraussetzen und eine enorme Energievergeudung bedeuten. Man trennt deshalb den Spannungskreis des Zählers elektrisch vollkommen von dem Hauptstromkreis und speist den Spannungskreis von einer Stromquelle, deren Spannung gleich der Betriebsspannung ist, den Hauptstromkreis, der sehr kleinen Widerstand hat, dagegen von einer Stromquelle niedriger Spannung, die aber großen Strom liefern kann. Diese Schaltung „mit getrenntem Strom- und Spannungskreis" wird durchgehend angewandt. Die Anschlußklemmen aller Zähler sind heute so eingerichtet, daß man die Trennung des Spannungskreises vom Hauptstromkreise von außen vornehmen kann, ohne in dem Zähler irgendeine Leitung lösen zu müssen.

---

[1]) Vgl. S. 134.

2. Stromquellen.

Es seien nun die Stromquellen betrachtet, die man im Laboratorium und im Eichraum braucht, um die Messung in Sparschaltung bequem vornehmen zu können. Es wird dabei auch manche Einrichtung erwähnt werden, die nicht unbedingt erforderlich ist, deren Kenntnis aber dem Leser erwünscht sein mag.

a) Akkumulatorenbatterien. Zur Speisung des Spannungskreises von Gleichstromwattstundenzählern gebraucht man eine sogenannte „Spannungsbatterie", die eine maximale Spannung von etwa 500 V. liefern kann und für Ströme bis höchstens 4 A., meist aber nur bis 1 A. bemessen ist. Zähler für höhere Spannungen kommen selten vor, weil Gleichstromlichtnetze höchstens mit 220 V. arbeiten und für Motorantrieb in Dreileiternetzen demnach höchstens 440 V. angewendet wird. Nur für Straßenbahnbetrieb kommt die Spannung von 500 V., seltener 600 oder

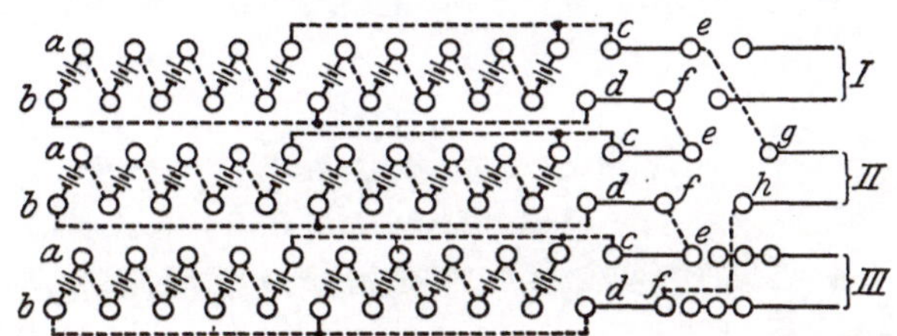

Abb. 4. Batterieschalter der Physik.-Techn. Reichsanstalt.

800 V. in Frage. Für die wenigen Ausnahmefälle wird man aber eine Batterie, die für 500 V. aus 250 Elementen kleiner Kapazität bestehen muß, ungern um 150 Elemente vermehren, um 800 V. für diese Ausnahmefälle zu erhalten. Die Erhöhung der Anschaffungs- und Unterhaltungskosten wird man deshalb meist vermeiden und dafür lieber die wenigen Zähler über 500 V. bei einem staatlichen Institut eichen lassen oder an Ort und Stelle prüfen.

Um sehr große Stromstärken bei kleinen Spannungen für die Speisung des Hauptstromkreises zu erhalten, richtet man die „Hauptstrombatterie" meist so ein, daß sich ihre Elemente in mehreren Gruppen auf verschieden hohe Spannungen schalten lassen. Eine mustergültige Anordnung ist die der Physikalisch-Technischen Reichsanstalt; ihr Schaltbild für eine bestimmte Schaltung ist in Abb. 4, ihre Ausführung in Abb. 5 dargestellt. Zwischen den fest aufmontierten Quecksilbernäpfen a und b jeder der drei Reihen liegen 4 V. Die ausgezogenen Linien stellen feste Verbindungen zwischen den Näpfen c, e und d, f vor. Durch vier verschiedene Einsatztafeln können die Elemente so zu Gruppen geschaltet werden, daß an den Näpfen c, d jeder Reihe eine Spannung von 4 oder 8 oder 20 oder 40 V. herrscht. Die in Abb. 5 dargestellte Einsatztafel schaltet z. B. auf die Näpfe c, d

20 V., wie durch die punktierten Linien der Abb. 4 angedeutet ist. In Abb. 5 sind über der langen Einsatztafel noch zwei kleine Einsatztafeln zu sehen; deren Schaltstifte greifen durch die Schaltlöcher der langen Einsatztafel hindurch und schalten die drei Reihen entweder

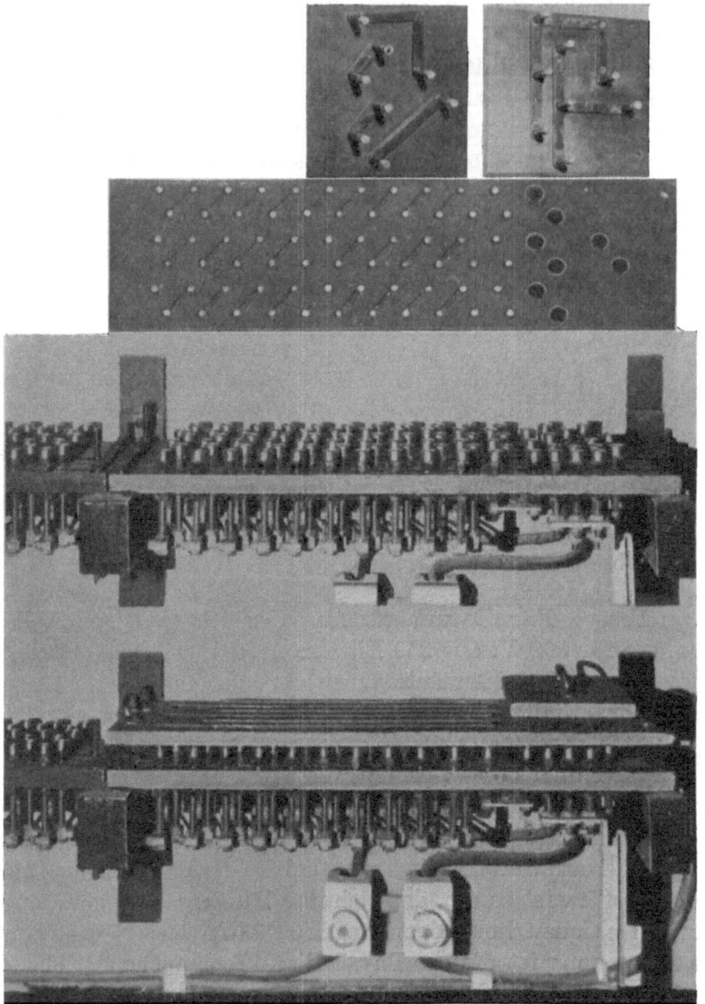

Abb. 5. Batterieschalter der Physik.-Techn. Reichsanstalt.

parallel (20 V.) oder hintereinander (60 V.), indem sie die Näpfe e, f mit den Näpfen g, h in entsprechender Folge verbinden. In Abb. 4 ist z. B. die Hintereinanderschaltung durch punktierte Linien angedeutet, wodurch nach der zum Arbeitsplatz führenden Leitung II die Spannung von 60 V. geschaltet wird. Durch andere lange Einsatztafeln in Verbindung mit den beiden abgebildeten kleinen Einsatztafeln können auf die Leitung II die Spannungen 4 oder 12, 8 oder 24, 40 oder 120 V. geschaltet werden, so daß also im ganzen folgende Spannungen möglich sind: 4, 8, 12, 20, 24, 40, 60, 120 V.

Die Einsatztafeln sind ferner so eingerichtet, daß auf Leitung I, die auch als Ladeleitung benutzt wird, nur 120 V. geschaltet werden kann, auf Leitung III, die aus besonders starken Kabeln besteht, nur 4 oder 8 V. Wir wollen uns mit dieser Darstellung des Prinzips begnügen, da eine nähere Beschreibung des sehr vielseitigen Schalters zu weit führen würde.

Die Elemente der Batterie sind für 27 A. Entladestromstärke bei 3 Stunden Entladedauer bemessen, so daß also bei 4 V. ein Strom von 810 A. 3 Stunden lang entnommen werden kann. Diese Entladestromstärke wird meist genügen. Für Eichräume, wo Zähler besonders hoher Stromstärken für Straßenbahn- oder Batteriebetrieb zu eichen sind, wird man entweder mehrere Batterien der beschriebenen Art parallel schalten oder wenige Elemente sehr hoher Entladestromstärke wählen. Die letztere Einrichtung bringt jedoch den Nachteil mit sich, daß man besondere Lademaschinen aufstellen muß und nicht mit der meist zur Verfügung stehenden Spannung von 120 V. laden kann.

b) Gleichstromgeneratoren. In Ausnahmefällen, wenn man sehr hohe Spannungen und sehr große Ströme braucht, ist es zweckmäßig, an Stelle der Batterien Generatoren zu verwenden. Die Unterhaltungskosten werden zwar geringer, der Betrieb derartiger abnormaler Generatoren hat jedoch manche Schattenseiten. Vor allem wird die Stromstärke nie die gleiche Konstanz haben, wie bei einer Batterie.

Für Laboratoriumszwecke hat man schon seit längerer Zeit normale Gleichstrommaschinen kleiner Leistung für Spannungen bis etwa 1000 V. besessen. Wollte man höhere Spannungen haben, so schaltete man mehrere solcher Maschinen hintereinander; zu beachten ist dabei natürlich, daß jede einzelne Maschine für die Gesamtspannung aller Maschinen gegen Erde isoliert sein muß. Ein einziger Maschinensatz, der 10000 V. liefert, ist von der Allgemeinen Elektrizitätsgesellschaft hergestellt worden[1]). Er besteht aus zwei Generatoren zu je 5000 V., deren jeder zwei Kollektoren hat. Die Isolation der Wicklung ist so gewählt, daß zwischen Wicklung und Gehäuse dauernd eine Spannung von 10000 V. bestehen darf.

Für hohe Ströme kommen nur Unipolarmaschinen in Frage[2]). Diese können bei einer Klemmenspannung von 6 V. verhältnismäßig leicht für Stromstärken bis 10000 A. gebaut werden. Es ist dem Ver-

---

[1]) H. Linke: ETZ 1915, S. 549.
[2]) Z. B.: E. Noeggerath: El. Kraftbetr. u. Bahnen 1908, S. 563.

fasser nicht bekannt, ob solche Generatoren für Laboratoriumszwecke verwendet wurden und ob sie sich bewährt haben.

c) Gleichrichter. Quecksilberdampfgleichrichter kann man direkt an ein Wechselstrom- oder Drehstromnetz anschließen; sie arbeiten ohne jede Wartung und sind jederzeit betriebsfertig. Der Gleichrichter eignet sich aber nur als Ersatz für die Hochspannungsbatterie, da sein Wirkungsgrad um so besser wird, je höher die verwendete Spannung ist. Für große Ströme bei kleinen Spannungen kann man ihn schlecht verwenden, weil der Anodenabfall 13 V. ist, so daß man unter Spannungen von 50 V. nicht heruntergehen kann. Der vom Gleichrichter gelieferte Strom ist allerdings kein reiner Gleichstrom, sondern es sind ihm infolge der Zusammensetzung aus den Wechselstromwellen Wechselströme kleiner Frequenz übergelagert. Immerhin wird die Verwendung des Gleichstroms aus Gleichrichtern zu Störungen bei der Messung kaum Anlaß geben.

Zur Erzeugung von sehr hohen Gleichspannungen kleiner Stromstärke aus niedergespanntem Wechselstrom hat Schenkel[1]) eine Schaltung von Kondensatoren und Vakuumventilröhren angegeben, die sich vielleicht für manche Zwecke gut eignen wird.

Kleine mechanische Gleichrichter kommen für Meßzwecke kaum in Frage, man wird sie wohl nur zum Laden der Meßbatterie verwenden.

d) Wechselstromgeneratoren. Ein Generator. Benutzt man als Stromquelle die Netzleitung oder hat man nur einen Generator zur Verfügung, so kann man die verschiedenen zur Eichung erforderlichen Belastungen durch verschiedenartige Stromverbraucher herstellen. Bei dieser Art der Belastung ist der Energieverbrauch sehr hoch; man wird sie deshalb nur dort anwenden, wo dies unbedingt notwendig ist, z. B. bei Prüfungen am Installationsort oder dann, wenn es sich um die Eichung von Zählern für kleine Spannungen und Stromstärken (etwa bis 220 V. und 5 A.) handelt. Bei Zählern höherer Spannungen und Stromstärken wird man von der einen Stromquelle zwei Stromkreise abzweigen und mittels Transformatoren den Spannungskreis und den Hauptstromkreis des Zählers getrennt speisen. Jede Regulierung in einem der beiden Stromkreise beeinflußt dabei den andern. Man muß für jede Belastung eine vollständig neue Einstellung vornehmen. Wie lästig dies vor allem bei Drehstrommessungen ist, weiß jedermann, der einmal auf diese primitive Art und Weise hat arbeiten müssen[2]).

Doppelgenerator. Um ein bequemeres Arbeiten zu haben, benutzt man meist zwei getrennte, aber miteinander gekuppelte Generatoren, die beide von einem Gleichstrommotor angetrieben werden. Der Gleichstrommotor wird von einer Akkumulatorenbatterie gespeist,

---

[1]) ETZ 1919, S. 333.   [2]) Vgl. auch Orlich: ETZ 1901, S. 94.

damit man während der Messung möglichst konstante Verhältnisse
erhält. Hat man keine Akkumulatorenbatterie zur Verfügung, so muß
man sich damit begnügen, an ihrer Stelle die Netzleitung als Stromquelle für einen Gleich- oder Wechselstromantriebsmotor zu benutzen
und eventuell durch Hilfsmittel dafür zu sorgen, daß der Einfluß der
Spannungsschwankungen des Netzes möglichst vermindert wird. Die
Regulierung des Antriebsmotors wird in bekannter Weise vorgenommen.
Man kann mit einer solchen Einrichtung ohne weiteres mit getrennten
Strom- und Spannungskreisen arbeiten.

In Laboratorien und Eichräumen hat sich die Doppelmaschine
am meisten eingeführt, die in Abb. 6 abgebildet ist[1]). Von einem

Abb. 6. Doppelgenerator der Siemens-Schuckert-Werke.

Nebenschlußmotor, den man rechts sieht, werden zwei Wechselstromgeneratoren durch eine starre oder durch eine Lederband-Kupplung
angetrieben. Die Erregungen beider Maschinen können in weiten Grenzen geregelt werden. Die eine Maschine ist ganz normal gebaut, bei
der zweiten Maschine kann der Stator vermittels eines an seinem Um-
fange angebrachten Zahnkranzes und einer in diesen eingreifenden
Schnecke um die Drehachse der Maschine gedreht werden. Man erreicht dadurch, daß der Stator der zweiten Maschine gegenüber dem
Stator der ersten Maschine beliebig räumlich verschoben werden kann.
Diese räumliche Verschiebung bedingt eine zeitliche Verschiebung der

---

[1]) Die Doppelmaschine wurde zuerst nach Angaben der Physikalisch-Tech-
nischen Reichsanstalt von den Siemens-Schuckert-Werken gebaut und zu gleicher
Zeit von der Union-Elektrizitäts-Gesellschaft im Jahre 1901 entwickelt, vgl.
ETZ 1902, S. 776, 1909, S. 436. Eine kleine Doppelmaschine von etwa 0,5 kW
Leistung mit stehender Welle ist von der Elektrotechnischen Fabrik Hans Boas
konstruiert worden; sie ist bequem zu transportieren, so daß sie an jede gewünschte
Stelle des Eichraums gebracht werden kann. Die Siemens-Schuckert-Werke bauen
eine ähnliche Doppelmaschine für eine Leistung bis 3 kW.

den Generatoren entnommenen Ströme. Da man nicht immer an dem Generator selbst nachsehen kann, ob der Strom des einen oder anderen Generators vor- oder nacheilt, so muß man die Vor- oder Nacheilung mit Hilfe der unter III, 3c (S. 52) beschriebenen Methode bestimmen.

Wir kehren nunmehr zur Betrachtung des Doppelgenerators zurück. Die Schnecke, mit der der drehbare Stator bewegt wird, wird meist von einem kleinen Elektromotor betrieben, der durch Fernschaltung vor- und rückwärts bewegt wird, so daß man vom Arbeitsplatze aus die Phasenverschiebung beliebig regeln kann. Die Abbildungen 7a und b zeigen zwei Schaltungsschemata für den Fernantrieb der Schnecke mit einem kleinen Hauptstrom- oder Nebenschlußmotor. Mit Hilfe des Umschalters U kann man die Drehrichtung des Hilfsmotors M wechseln. An dem vom Motor angetriebenen drehbaren Stator sind zwei Ausschaltnasen N angebracht, die die Ausschalter A betätigen und den Antriebsmotor stillsetzen, wenn der begrenzte Weg zurück-

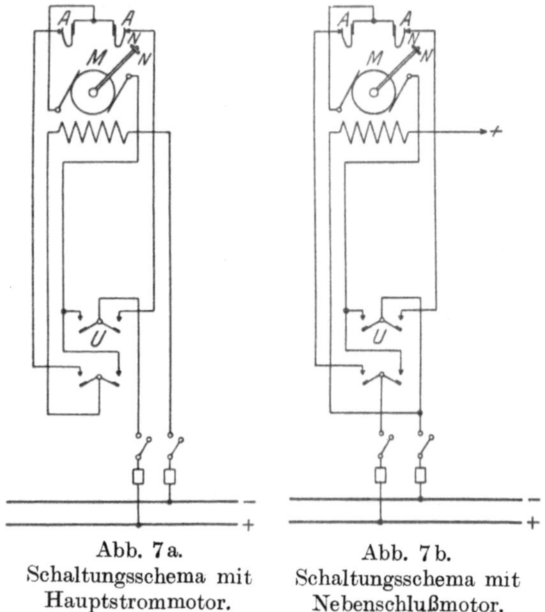

Abb. 7a.
Schaltungsschema mit
Hauptstrommmotor.

Abb. 7b.
Schaltungsschema mit
Nebenschlußmotor.

gelegt ist (in der Abbildung sind die Ausschaltnasen N auf die Achse des Antriebsmotors anstatt auf den angetriebenen Stator aufgesetzt). Bei neueren Maschinen läßt man den Schneckenradkranz um den ganzen Stator herumlaufen und kann somit den Ausschalter sparen. Für die Schaltleitungen ergibt sich daraus noch die Vereinfachung, daß man nur 3 Leitungen anstatt 4 oder 5 braucht. Den Umschalter U richtet man meist so ein, daß man ihn mit einer Schraubzwinge an die Tischplatte des Arbeitsplatzes anklemmen kann, oder man bildet ihn als Druckknopfschalter aus; ein zweipoliger und ein vier- oder fünfpoliger Stecker sind an den entsprechenden Punkten mit biegsamen Litzen angeschlossen. Die Arbeitsplätze werden mit entsprechenden Steckdosen versehen.

Eine etwas einfachere Ausführung zur Regelung der Phasenverschiebung zwischen zwei von einem Motor angetriebenen Generatoren stellt die Abb. 8 dar[1]). Dabei wird nicht der Stator der einen Maschine verdreht, sondern die Welle des Rotors eines der beiden Generatoren gegen die Welle des Rotors des anderen Generators. Die Antriebswelle hat zwei Nuten N_1, die konaxial zur Drehachse verlaufen, die Achse des zu verstellenden Rotors dagegen zwei schraubenförmige Nuten N_2. Eine über beide Wellen gesteckte Muffe M trägt Ansätze A, die in diese Nuten eingreifen. Verschiebt man nun die Muffe in Richtung der Achsen, so werden je nach Stellung der Muffe die beiden Rotoren verschiedene räumliche Stellungen zueinander einnehmen, wodurch die zeitliche Phasenverschiebung der Ströme bedingt wird. Derartige Maschinen sind in größerer Anzahl im Eichraum der Zählerfabrik der Allgemeinen Elektrizitäts-Gesellschaft aufgestellt und haben sich sehr gut bewährt.

Neben der Phasenverschiebung der von beiden Generatoren gelieferten Ströme muß man auch ihre Spannungen in möglichst weiten Grenzen verändern können. Das Bereich, welches man durch Änderung der Erregung für die Regelung der Spannung zur Verfügung hat, genügt nicht mehr für große Spannungsänderungen.

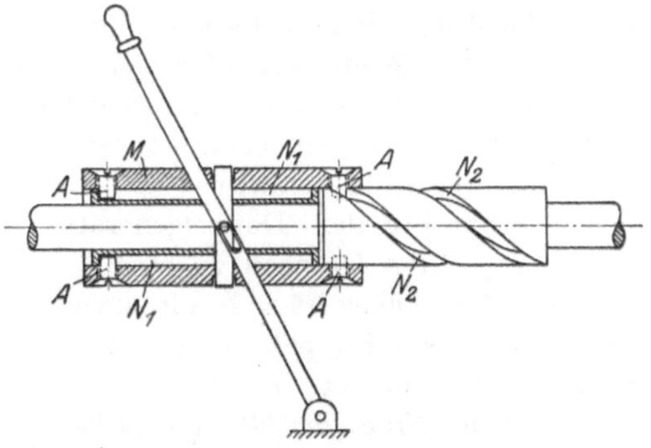

Abb. 8. Verstellvorrichtung für die Wellen eines Doppelgenerators.

Durch Zwischenschaltung von Transformatoren, deren Primärspannung der der Generatoren entspricht, kann man hohe Spannungen bei kleinen Strömen und große Ströme bei niedrigen Spannungen erzeugen, je nach dem für die Eichung benötigten Zwecke (s. u. S. 26). Wenn man früher den einen Generator für großen Strom und kleine Spannung wickelte, so ist man später davon abgegangen, weil man im Transformator ein viel einfacheres Mittel an der Hand hat, die Spannung herunterzusetzen. Außerdem mußte man bei der älteren Ausführung dicke Leitungen benutzen und den Platz für die Eichung in die Nähe des Generators verlegen, um einen allzu großen Spannungsabfall zu vermeiden. Nur dann, wenn man besonderen Wert auf reine Sinusform des verwendeten Wechselstroms legt, wird man den „Stromgenerator" mit starken Wicklungen versehen.

Schließlich muß man für Eichungen mit verschiedenen Frequenzen noch die Tourenzahl des Antriebsmotors ändern können. Braucht man

---

[1]) Diese Vorrichtung ist im D.R.P. 213522 der Allgemeinen Elektrizitäts-Gesellschaft beschrieben und wurde von Herrn Ciffrinowitsch angegeben.

nicht abnormale Frequenzen, so ist dies verhältnismäßig einfach durch
Veränderung der Erregung des Antriebsmotors zu erreichen. Will man
jedoch bei sehr hoher oder sehr niedriger Frequenz messen, so sind die
Grenzen bald gegeben. Nach obenhin ist die Tourenzahl des Motors
begrenzt durch die Massenkräfte, man wird sie selten um mehr als $20\,^0/_0$
der normalen Tourenzahl steigern können. Will man andererseits eine
sehr niedrige Frequenz haben, so wird man z. B. bei einer Maschine,
die für eine normale Frequenz 50 gebaut ist, schon auf Schwierigkeiten
stoßen, wenn man die Frequenz 25 haben will. Wegen der Erwärmung
der Erregerspulen und der Sättigung des Eisens kann man die Tourenzahl meist nicht auf sehr kleine Werte herunterbringen; man wird
deshalb Vorschaltwiderstände vor den Anker schalten müssen, um
die Ankerspannung zu erniedrigen. Der Motor gibt dann aber sehr
wenig Leistung ab und wird die Generatoren nur noch schwer durch-
ziehen, wenn sie einigermaßen belastet sind; auch fängt die Tourenzahl dabei an zu schwanken. In solchen Fällen wendet man besser
einen asynchronen Generator an, wie er im folgenden beschrieben ist.

Asynchroner Generator. Reicht die Regulierung des Antriebsmotors für den Doppelgenerator nicht aus, um die Frequenz
in den gewollten Grenzen zu regeln, so muß man zu andern Mitteln
greifen. Ein solches ist z. B. ein asynchroner Generator, der mit einem
Antriebsmotor gekuppelt wird. Den Stator oder Rotor, welche beide
Drehstromwicklungen tragen, speist man mit normalem Drehstrom,
etwa von der Frequenz 50. Bei Stillstand wirkt der Generator wie ein
gewöhnlicher Transformator. Man kann also seiner Sekundärwicklung
einen Strom entnehmen, der die gleiche Frequenz hat, wie der Primärstrom. Versetzt man nun aber den Rotor durch den Antriebsmotor in
Umdrehung, so steigert sich die Frequenz, wenn die Drehrichtung des
Rotors entgegengesetzt der Drehrichtung des Drehfeldes ist. Ist z. B.
die Tourenzahl eines vierpolig gewickelten Generators entgegen dem
Umlaufsinn des Drehfeldes gleich 1500 und ist die Frequenz des er-
regenden Drehstroms 50, so erhält man im Sekundärkreis die Frequenz
100. Umgekehrt kann man natürlich bis zur Frequenz 0 heruntergehen,
wenn man die Drehrichtung des Rotors gleichsinnig mit der Drehrichtung des Drehfeldes wählt, wobei der Generator als Induktionsmotor
arbeitet und durch den Antriebsmotor gebremst werden muß. Allerdings nimmt dann auch die Spannung bis auf 0 ab. Jedoch kann man
auch bei kleinen Frequenzen durch Zwischenschalten eines Transformators die gewünschte Spannung erhalten, da die Leistung des
Generators nicht mit der Frequenz zu sinken braucht. Schwierig ist
die Regulierung des Antriebsmotors in der Nähe des Stillstands, in
unserm Beispiel also in der Nähe der Frequenz 50. Anstatt eines
Asynchrongenerators kann man natürlich auch zwei Asynchrongene-
ratoren mit dem Antriebsmotor kuppeln, wodurch man wieder mit ge-

trenntem Strom- und Spannungskreis arbeiten kann. Einen dieser Generatoren kann man mit drehbarem Stator bauen, wie es oben beschrieben ist, so daß man die Phasenverschiebung zwischen Strom und Spannung regeln kann. Die Drehstromerregung für beide Generatoren wird man am besten einem getrennten Umformer von gewünschter Leistung entnehmen, dessen Gleichstromseite an eine Akkumulatorenbatterie angeschlossen wird, da man dann neben der Tourenzahl des Doppelgenerators auch die Frequenz seiner Drehstromerregung ändern kann. Ein Maschinensatz der beschriebenen Art ist als Universalmaschine anzusprechen, er ist meines Wissens aber noch nicht gebaut worden.

3. Vorrichtungen zur Regelung des Hauptstromes, der Spannung, der Frequenz und der Phasenverschiebung.

a) Regelung des Hauptstromes. Wie wir schon sahen, kann man bei Wechselstrom eine Regelung des Hauptstromes z. T. durch Regelung der Erregung des entsprechenden Generators erreichen. Dieser Regelung sind aber nach oben und unten Grenzen gesetzt. Man muß deshalb zur Grobregelung entweder Vorschaltwiderstände oder Stufentransformatoren benutzen.

Bei Gleichstrom kann man bei Verwendung von Batterien als Stromerzeuger die Grobregelung nur in gewissen Stufen vornehmen, die der Elementspannung entsprechen und die durch die oben beschriebenen umlegbaren Quecksilbernapfschalter vorgenommen werden kann. Alle anderen Regelungen muß man durch Widerstände bewirken.

Belastungswiderstände. Um bei Gleichstrom die Stromstärke genau auf das gewünschte Maß einzustellen, benutzt man vielstufige Regelwiderstände aus Konstantandraht verschiedener Ausführung. Als vorbildlich ist die Ausführung vielstufiger Widerstände zu bezeichnen, wie sie in Abb. 9 dargestellt ist. Diese bei der Physikalisch-Technischen Reichsanstalt eingeführten Widerstände haben 3 Gruppen mit je 3 Dekaden von $10 \times 0,1\ \Omega$, belastbar bis 40 A., $10 \times 1\ \Omega$ bis 15 A., $10 \times 10\ \Omega$ bis 7 A. Die Widerstände sind vollkommen offen gebaut, so daß die Belüftung auch bei voller Belastung sehr gut ist. Die Rahmen, auf die die Widerstände aufmontiert sind, können leicht ausgewechselt werden. Parallel geschaltete Schieberwiderstände sorgen für die Feinregelung.

Für große Stromstärken sind frei ausgespannte Bandwiderstände aus Konstantanblech sehr geeignet, weil sie eine große abkühlende Oberfläche und sehr kleinen Temperaturkoeffizienten haben. Man kann die Kühlung noch durch Anblasen mit einem Ventilator verbessern, ohne zu starke Schwankungen in der Stromstärke zu erhalten. Für Stromstärken über 1000 A. kommt man auch mit dieser Art von Widerständen nicht mehr aus; dann nimmt man wassergekühlte Konstantanrohre. Will man einen Belastungswiderstand für hohe Stromstärken improvisieren, so kann man auch ein Konstantanband direkt in einen tönernen Wasserkübel legen. Der Widerstand des Wassers ist im Ver-

Abb. 9. Regelwiderstand der Physik.-Techn. Reichsanstalt mit 3×3 Gruppen.

hältnis zu dem des Bandes so groß, daß er vollkommen außer acht gelassen werden kann. Natürlich muß man dafür sorgen, daß dauernd neues Kühlwasser zufließt.

Bei Wechselstrom legt man oft die Regelwiderstände in den Primärkreis des Transformators und schließt den Sekundärkreis direkt an den Hauptstromkreis des zu prüfenden Zählers an. Man hat dann die Bequemlichkeit, daß man nur verhältnismäßig kleine Ströme und niedrige Spannungen zu schalten hat, also Stufenwiderstände oder Schieberwiderstände nehmen kann. Dabei muß man den Nachteil mit in Kauf nehmen, daß im Sekundärkreis die Welle der Stromkurve stark verzerrt wird. Will man diesen Nachteil vermeiden, so muß man Regelwiderstände für hohe Stromstärken in den Sekundärkreis einschalten oder ähnliche Mittel anwenden, wie sie für die Spannungsregelung weiter unten (S. 29) beschrieben sind.

Für Eichungen an Ort und Stelle, oder allgemein in solchen Fällen, wo man nicht mit getrenntem Hauptstrom- und Spannungskreis arbeiten kann, hat man Belastungswiderstände konstruiert, die man be-

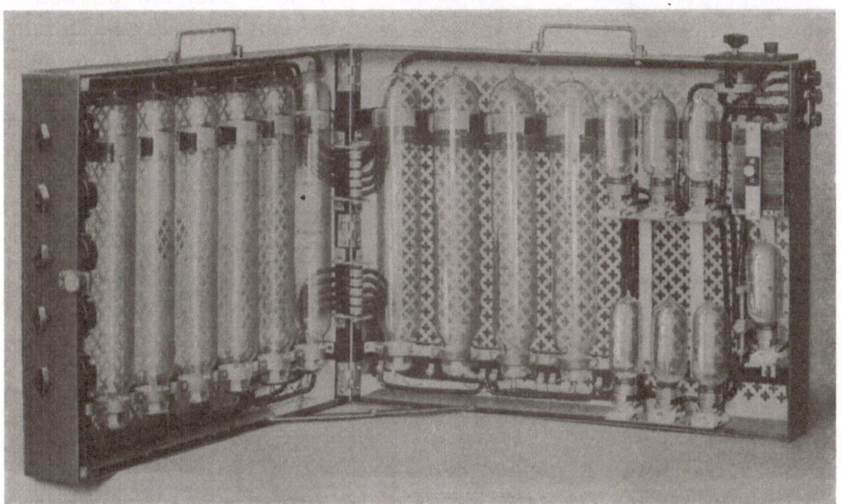

Abb. 10. Belastungswiderstand der A.E.G. aus Eisendrahtwiderständen.

sonders stark überlasten kann. Bei den von Schniewindt hergestellten Gitterwiderständen, deren Widerstandsdrähte durch Asbestgewebe durchgezogen oder mit ihnen „verwebt" sind, kommt zur Abführung der Wärme die Konvektion in Frage, bei den Lampenbatterien und den Eisendrahtwiderständen (Variatoren) wird die erzeugte Wärme außerdem noch durch Strahlung abgeführt. Die Eisendrahtwiderstände haben ferner noch den Vorteil, daß der von ihnen aufgenommene Strom innerhalb großer Spannungsschwankungen konstant bleibt (vgl. Abb. 14, S. 28). Abb. 10 zeigt einen solchen Eisendrahtbelastungswiderstand der A.E.G. nach Angabe von Kallmann[1]). Alle diese Belastungswiderstände müssen nach denselben Grundsätzen gebaut werden, wie die elektrischen Heizkörper für Öfen.

---

[1]) Vgl. ETZ 1906, S. 45. Die Eisenwiderstände werden von der Osram G.m.b.H. geliefert.

Transformatoren. Wie schon oben gesagt wurde, wird bei Wechselstrom, wenn man mit getrenntem Hauptstrom- und Spannungskreis arbeitet, die Feinregelung in den Primärkreis verlegt. Die Grobregelung erzielt man meist durch verschiedene Schaltungen der unterteilten Sekundärwicklung des Transformators. Auch Autotransformatoren wendet man an, bei denen die den hohen Strom führenden Windungen entsprechend stark dimensioniert werden. Will man die Möglichkeit haben, Zähler sehr verschiedener Stromstärken zu eichen, so kommt man mit einem umschaltbaren Trans-

Abb. 11 Transformator der Physik.-Techn. Reichsanstalt für hohen Strom.

formator nicht aus, man muß mehrere mit verschiedenen Sekundärwicklungen oder einen solchen mit auswechselbaren Sekundärwicklungen zur Verfügung haben. Derartige Transformatoren wurden in der Physikalisch-Technischen Reichsanstalt ausgeführt. Sie sind in Abb. 11 abgebildet. Die Primärspulen sind vierfach unterteilt und lassen sich für vier verschiedene Spannungen schalten. Nach ähnlichen Grundsätzen gebaute Transformatoren sind auch im Handel zu haben.

Ob man bei Drehstrommessungen drei einzelne Transformatoren oder einen Drehstromtransformator verwendet, kommt praktisch auf das gleiche hinaus. In beiden Fällen beeinflußt man bei der Regelung einer Phase die andere; bei einiger Übung gewöhnt man sich jedoch bald an die Ausgleichung aller drei Ströme auf den gleichen Betrag.

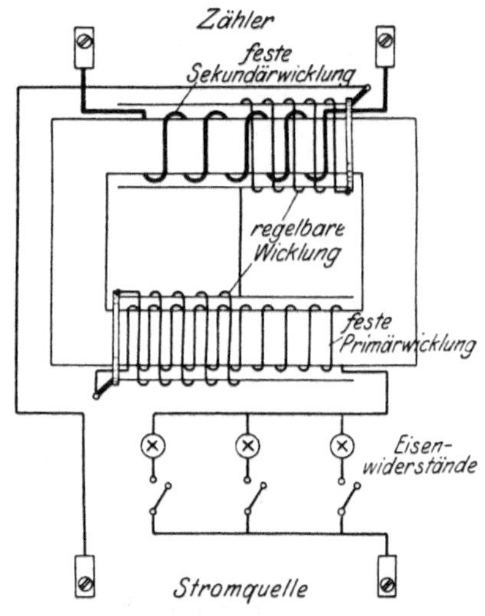

Abb. 12. Schaltungsschema des Transformators mit Kraftflußregelung.

Transformator mit Kraftflußregelung. Eine spezielle Ausführung eines Transformators für Laboratoriumszwecke stellt der Transformator mit Kraftflußregelung dar, dessen Schaltung schema-

tisch in Abb. 12 und dessen Ausführung in Abb. 13 dargestellt ist[1]).

Die Sekundärwicklung des Transformators von geringer Windungszahl ist stark dimensioniert; sie speist den Hauptstromkreis des
Zählers. Die Primärwicklung besteht aus einer festen Wicklung und
einer regelbaren Wicklung, die von einem Kern des Transformators
auf den andern abgewickelt werden kann. Die regelbare Wicklung hat
dieselbe Windungszahl wie die feste Wicklung; ist die regelbare Wick-

Abb. 13. Transformator mit Kraftflußregelung.

lung auf den einen Kern des Transformators aufgewickelt, so erzeugt
sie einen Kraftfluß in gleichem Sinne wie die feste Wicklung. Wickelt
man sie jedoch zum Teil oder vollständig auf den andern Kern auf, so
erzeugt sie bei richtiger Wahl des Wicklungssinnes einen Kraftfluß, der
dem von der festen Wicklung erzeugten entgegenwirkt. Hat man z. B.
die ganze regelbare Wicklung abgewickelt, so hebt der von der regelbaren Wicklung erzeugte Fluß den von der festen Wicklung erzeugten
vollkommen auf. Man kann also den Kraftfluß von einem Maximum
bis auf Null kontinuierlich ohne jeden Sprung verändern. Damit ändert

---

[1]) Vgl. D.R.P. 266780 und 292718. Ausführung der Allgemeinen Elektrizitäts-Gesellschaft.

sich natürlich auch die Sekundärspannung kontinuierlich von einem Maximum bis auf Null.

In Abb. 13 ist die feste Sekundär- und die feste Primärspule nicht sichtbar, sondern nur die regelbare. Die mit Rücksicht auf die in ihnen induzierten Ströme aus Manganin hergestellten geschlossenen Zuführungsringe zur Primärwicklung sind rechts sichtbar; die auf ihnen schleifenden Kohlebürsten sind verdeckt. Links sieht man den Zahnradantrieb, der so eingerichtet ist, daß bei Linksdrehung der Antriebskurbel die obere Spule, bei Rechtsdrehung die untere Spule angetrieben wird; dadurch bleibt die als Litze ausgebildete bewegliche Wicklung immer stramm und wickelt sich glatt auf die Spulenhülse auf.

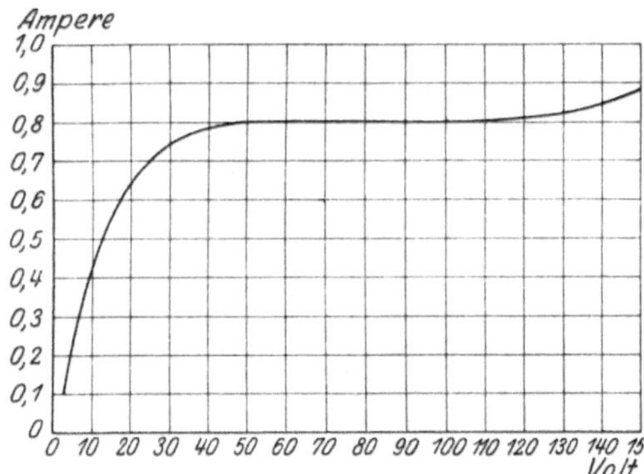

Abb. 14. Charakteristik eines Eisendrahtwiderstandes.

Zur Begrenzung des Stromes in der Primärwicklung sind in der Anordnung der Abb. 12 vor die Primärwicklung Eisenwiderstände geschaltet, die bekanntlich eine Charakteristik haben, wie sie Abb. 14 zeigt. Die Eisenwiderstände können gruppenweise ein- und ausgeschaltet werden, so daß man mit ihnen eine stufenweise Grobregelung vornehmen kann. Primär- und Sekundärstrom sind bei allen Stellungen der regelbaren Spule praktisch um 180 ° gegeneinander verschoben.

Abb. 15. Umschaltbarer Spannungstransformator der Physik.-Techn. Reichsanstalt.

Der beschriebene Regeltransformator bringt noch den Vorteil mit sich, daß die Belastung der Stromquelle bei jeder beliebigen sekundären Stromentnahme konstant bleibt, da die Eisenwiderstände den Primärstrom fast auf konstanter Stärke halten. Dies gilt natürlich nur so lange, als man die Gruppenschaltung für die Eisenwiderstände nicht ändert.

b) Regelung der Spannung. Bei Gleichstrom regelt man die Spannung einer Spannungsbatterie in groben Stufen durch den Zellenschalter, mit dem man einzelne Elemente oder Elementgruppen zu- oder abschaltet. Die Feinregelung übernehmen Schieberwiderstände oder fein unterteilte Kurbelwiderstände, die man gegebenenfalls auch als Spannungsteiler schalten kann.

Bei Wechselstrom wird man umschaltbare Transformatoren verwenden, von denen Abb. 15 eine Ausführung zeigt, die sich in der Physikalisch-Technischen Reichsanstalt gut bewährt hat. Sowohl die Primär- als auch die Sekundärspulen sind vierfach unterteilt und können für vier Spannungen geschaltet werden. Für die Feinregelung sorgen Schieberwiderstände oder fein unterteilte Kurbelwiderstände, die man in den Sekundärkreis legen muß, wenn die Kurvenform erhalten bleiben soll. Man kann aber auch ohne Widerstände auskommen, wenn man Regeltransformatoren verwendet. Einen sehr einfachen und doch vielseitigen Regeltransformator für Drehstrom, den die A.E.G. herstellt, zeigt Abb. 16. Durch einen Steckschalter kann man die Se-

Abb. 16.　Drehstrom-Regeltransformator der A.E.G.

kundärwicklung in Stufen schalten, so daß man bei normaler Primärspannung an den Sekundärklemmen die Spannungen 125, 150, 250, 300, 350 und 420 V. erhält. Auf den Sekundärspulen liegt als oberste Lage ein ziemlich starker Draht, der an einer Stelle des Spulenumfangs von der Isolation befreit ist. Auf den blanken Stellen dieses Drahtes schleifen Kohlebürsten, die als Stromabnehmer dienen. Mit ihnen kann man Windung um Windung zu- und abschalten und erhält eine außerordentlich feine Regelung. Bei normalem Kraftfluß erstreckt sich die Feinregelung über 70 V., so daß die Stufen der Grobschaltung reichlich ausgefüllt werden. Die Ströme, die in den von den Kohlebürsten kurzgeschlossenen Windungen fließen, führen zu keiner unzulässigen Erwärmung.

Für Einphasenwechselstrom werden diese Transformatoren in genau gleicher Weise hergestellt.

Bei Transformatoren mit sekundären Anzapfungen ist die Feinregelung nach Abb. 17 zu empfehlen. Die untersten Windungen der Sekundärwicklung sind etwas dicker als die anderen ausgeführt, weil sie den im Regelwiderstand r fließenden Strom mit aufnehmen müssen. Der Widerstand r muß so bemessen sein, daß durch ihn die Stufen der Grobregelung überbrückt werden. Nach diesem Prinzip ist der in Abb. 18 abgebildete Regeltransformator hergestellt.

Hat man einen Doppelgenerator zur Verfügung, so braucht man natürlich keinen Regeltransformator mit Feinregelung; man kommt dann mit einem Transformator mit unterteilter Sekundärwicklung aus (vgl. die Ausführung der Physikalisch-Technischen Reichsanstalt Abb. 15). Die Feinregelung erreicht man durch Änderung der Erregung des Spannungsgenerators. Legt man bei Mehrphasenmessungen Wert darauf, daß alle Phasenspannungen untereinander

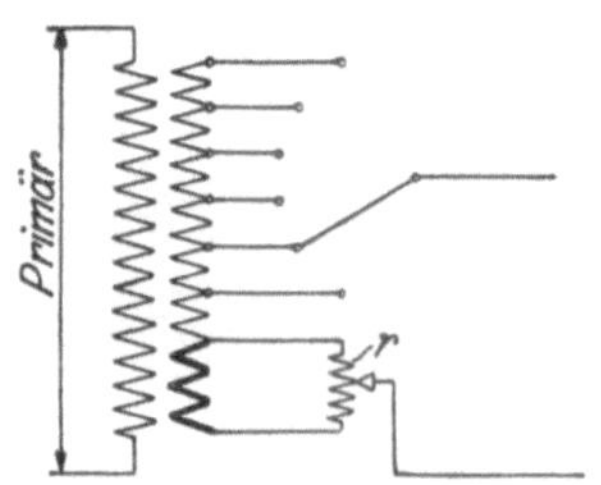

Abb. 17. Stufentransformator
mit Feinregelung.

Abb. 18. Wechselstrom-Regeltransformator der Siemens-Schuckert-Werke.

gleich sind, so muß man zur Abgleichung noch Widerstände einschalten.

c) Regelung der Frequenz. Über die Regelung der Frequenz ist schon oben bei der Beschreibung des Doppelgenerators und des asynchronen Generators (Seite 21) fast alles gesagt worden. Ruhende Frequenzwandler kommen für den vorliegenden Zweck nicht in Frage. Nur noch einige weniger gebräuchliche Einrichtungen sollen der Vollständigkeit halber erwähnt werden.

Polumschaltbarer Generator. Bei jedem Wechselstromgenerator ist bei konstanter Drehzahl die Frequenz proportional der Polzahl der Erregerwicklung. Richtet man den Generator so ein, daß man seine Polzahl verändern kann, macht man ihn „polumschaltbar", so kann man bei 1000 Umdrehungen in der Minute z. B. 100, $66^2/_3$,

50, $33^1/_3$, $16^2/_3$ P/sek herstellen, wenn man ihn mit 24 Polen versieht, die man in entsprechenden Gruppen schaltet. Eine normale Maschine kann man dazu nicht benutzen, man muß die Erregerwicklung auf einem Nutenanker aufbringen. Über zwei- bis dreifache Polumschaltung wird man aber kaum hinausgehen, weil die Wicklungsanordnung und die Schaltvorrichtungen dann viel zu kompliziert werden und man auch schwerlich für alle Schaltungen eine gute Kurvenform erhalten kann. Wegen dieser Schwierigkeiten sieht man meistens von der Benutzung derartiger Maschinen ab.

Gebremster Asynchronmotor. Dem Schleifringanker eines Asynchronmotors kann man bei stillstehendem Rotor einen Strom entnehmen, der die gleiche Frequenz hat, wie der dem Stator zugeführte Strom. Bei laufendem Motor dagegen ist die Rotorfrequenz sehr klein; sie entspricht der Schlüpfung. Bremst man nun den Rotor langsam durch eine Bremsvorrichtung, so kann man ihm Ströme beliebiger Frequenz entnehmen bis zum Höchstwert, der der Statorfrequenz entspricht. Praktisch kann man jedoch nicht sehr weit mit der Frequenz heruntergehen, weil auch die Spannung am Rotor mit der Frequenz abnimmt. Immerhin kann man bis auf 40 und 30 P/sek herunterregeln, wenn man 50 P/sek Statorfrequenz hat. Ein Nachteil dieser Methode ist, daß man dabei die abgebremste Arbeit vollständig nutzlos vernichtet; auch ist es nicht einfach, den Motor so gleichmäßig zu bremsen, daß man keine starken Frequenzschwankungen erhält. Man wird deshalb das Verfahren nur im Notfall anwenden und nur kleine Motoren dazu benutzen.

d) Regelung der Phasenverschiebung. Doppelgenerator. In solchen Laboratorien und Eichstationen, wo man Doppelgeneratoren der oben (Seite 19) beschriebenen Ausführung zur Verfügung hat, ist die Regelung der Phasenverschiebung zwischen Strom und Spannung ohne weiteres gegeben. Anders verhält es sich, wenn man als Stromquelle nur einen Generator oder ein vorhandenes Leitungsnetz benutzen muß; dann kommen die im folgenden beschriebenen Apparate zur Anwendung.

Drosselspulen. In Ein- oder Mehrphasennetzen kann man die Phase der Spannung gegen die des Hauptstromes ändern, wenn man, wie dies am einfachsten ist, in den Spannungskreis eine Selbstinduktion schaltet. Es ist damit natürlich der Übelstand verbunden, daß man mit der Veränderung der Phase auch die Größe der Spannung ändert. Man muß also nach jedesmaliger Veränderung der Phase die Spannung mit Widerständen nachregulieren. Bei den gebräuchlichen Drosselspulen sind die Kerne mit dem oberen Teil des Joches verbunden und können durch Drehen einer Spindel mehr oder weniger aus den Spulen herausgezogen werden, wodurch die Phasenverschiebung in ziemlich weiten Grenzen (cos φ bis 0,3) geändert wird. Unangenehm ist bei derartigen Drosseln, daß der Eisenkern infolge der wechselnden Magnetisierung des Eisens in Schwingungen gerät und stark brummt, wenn man nicht besondere Mittel anwendet, um diese zu dämpfen. Am einfachsten hilft man sich meist dadurch, daß man nach jedesmaliger Einstellung den beweglichen Kern mit Holzkeilen festklemmt.

Vollständig verhindert wird das Brummen bei einer Drosselspule mit Kraftflußregelung, die genau nach demselben Prinzip gebaut ist, wie der auf Seite 26 beschriebene und in Abb. 12 und 13 abgebildete Transformator mit Kraftflußregelung. Will man diese Drossel für Drehstromschaltung verwenden, so muß man drei getrennte Apparate nehmen; dadurch hat man anderseits den Vorteil, daß man in jedem Zweig die gewünschte Phasenverschiebung getrennt einstellen kann.

Beim Anschluß an Drehstrom kann man durch zyklische Vertauschung der Phasen Sprünge von 60° herstellen[1]); die Drosselspulen genügen dann zur Überbrückung dieser Sprünge, so daß man jede gewünschte Phasenverschiebung erreichen kann.

Laufender Einphasenmotor. Drosselspulen reichen aber dann nicht mehr aus, wenn man nur eine einphasige Stromquelle zur Verfügung hat und trotzdem mit sehr großen Phasenverschiebungen eichen will.

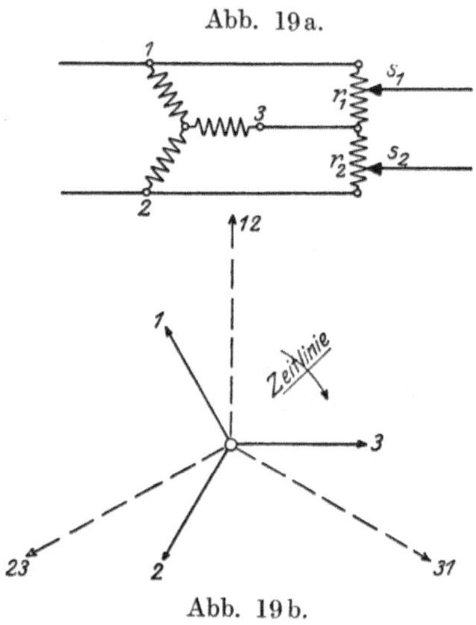

Abb. 19b.
Laufender Einphasenmotor
als Phasenschieber.
a) Schaltung.   b) Diagramm.

Man hat dann in einem Asynchronmotor mit Drehstromwicklung auf dem Stator und beliebiger Wicklung, auch Kurzschlußwicklung, auf dem Rotor, ein einfaches Mittel zur Herstellung beliebiger Phasen. Diesen Motor läßt man als Einphasenmotor mit Hilfswicklung anlaufen; beim Lauf bildet sich bekanntlich durch die Rückwirkung des Rotorfeldes auf die Statorwicklung in dieser ein fast symmetrisches Drehfeld aus, wenn man die Statorwicklung in Stern schaltet. An einem solchen Motor von der Nennleistung 1 kW. wurden z. B. die drei verketteten Spannungen bei einer symmetrischen Belastung von 0,5 A. pro Phase gemessen zu 188 V., 171 V., 165 V.

Um die Phasenverschiebung kontinuierlich regeln zu können, verwendet man zweckmäßig die in Abb. 19 dargestellte Schal-

---

[1]) Vgl. S. 34.

tung[1]). An den Klemmen 1 und 2 der Statorwicklung des Drehstrommotors liegt die Spannung der Einphasen-Stromquelle, zwischen 1 und 3 und 2 und 3 sind Widerstände r_1 und r_2 eingeschaltet, auf denen die Schieber s_1 und s_2 verschoben werden können. Steht in der Abb. 19a der Schieber s_1 oben und s_2 unten, so eicht man mit einer Spannung von der gleichen Phase wie die Netzspannung. Stehen beide Schieber unten, so eilt die Eichspannung um 120⁰ gegen die Netzspannung vor, entsprechend der Spannung 2—3 im zeitlichen Diagramm der Abb. 19b.

Stehen umgekehrt beide Schieber oben, so eilt die Eichspannung der Netzspannung um 120⁰ nach, entsprechend 3—1 im Diagramm Abb. 19b. Durch verschiedene Stellungen der Schieber kann man beliebige Vor- und Nacheilungen zwischen den beiden Grenzwerten einstellen.

Widerstände und Kondensator. Für manche Fälle wird auch die in Abb. 20a dargestellte Schaltung[2]) geeignet sein. R_1 und R_2 sind zwei gleiche Widerstände (z. B. Lampenbatterien), K ist ein Kondensator, W ein Regelwiderstand. Der Stromkreis S, dessen Phase man regeln will, wird an die Punkte M und B angeschlossen. Wäre der Strom in S sehr klein, so würde sich bei Veränderung des Widerstandes W das Kreisdiagramm der Spannungen nach Abb. 20b ergeben. Darin ist OB die Spannung an W, BA diejenige an K, MB die Spannung an S. Je größer der Strom in S ist, um so mehr verzerrt sich das Diagramm. Wählt man $R_1 = R_2 = 100$ Ohm, $K = 10\,\mu\,F$ und legt zwischen M und B als Belastung die Spannungskreise dreier normaler Zähler, eines Leistungsmessers und eines Spannungsmessers, so schwankt die Größe der Spannung zwischen M und B um etwa $\pm\,10^0/_0$, wenn man den Widerstand W von 0 bis 600 Ohm ändert. Die Phase der Spannung MB dreht sich dabei über 90⁰.

Ruhender Drehstrommotor. Hat man Drehstrom zur Verfügung, so kann man einen Drehstrommotor benutzen, wie er in Abb. 21 abgebildet ist. Der Rotor dieses Drehstrommotors ist mit Schleifringen versehen und meistens so gewickelt, daß er im Ruhezustand wie ein Transformator vom Übersetzungsverhältnis 1 zu 1

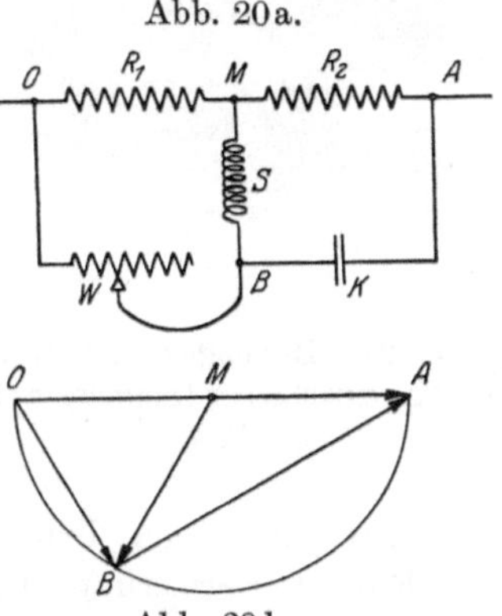

Abb. 20a.

Abb. 20b.
Widerstände und Kondensator
als Phasenschieber.
a) Schaltung.　b) Diagramm.

---

[1]) Die Abb. ist dem Buche von H. W. L. Brückmann: Elektrizitätszähler für Gleich-, Wechsel- und Drehstrom, Leipzig, bei Leiner 1914, S. 180, entnommen.

[2]) Abgeänderte Schaltung nach Déguisne: Arch. Elektrot. 1917, S. 308 durch W. Geyger, Helios 1923, S. 385.

arbeitet. Auf seiner Welle sitzt ein Hebel, der mit einem Handgriff versehen ist. Läßt man den Handgriff los, so legt sich ein Bremsbacken in die Nut des in der Abb. oben sichtbaren Bremskranzes und verhindert den Rotor an der Drehung. Verstellt man nun den Rotor durch Drehen des Handgriffes gegenüber dem Stator, so werden in seiner Wicklung Spannungen induziert, die sich durch die Einwirkung des Statorfeldes auf die Rotorwicklung je nach der Stellung des Rotors in ihrer Phase ändern. Die Symmetrie der drei Spannungen bleibt dabei immer erhalten; man kann einen solchen Phasenschieber natürlich ebensogut für die Eichung von Einphasen- wie von Mehrphasenzählern verwenden. Der Phasenschieber handhabt sich sehr bequem, auch ändert sich bei Veränderung der Phase die Größe der Spannung nur

Abb. 21. Ruhender Drehstrommotor als Phasenschieber (Siemens-Schuckert-Werke).

um ein Geringes; ein Brunnen ist nicht ganz zu vermeiden.

Eine Verbesserung dieses Phasenschiebers zeigt die Abb. 22[1]). Der Rotor kann hier nicht nur mit dem Handgriff D gedreht, sondern auch mit dem Hebel A axial verschoben werden. Um den Betrag der axialen Verschiebung ist der Rotor R durch einen entsprechend langen lamellierten glatten Eisenkern E verbreitert. Durch Drehen des Rotors ändert man die Phasenverschiebung, durch axiale Verschiebung die Spannung. Die lästige Nachregelung der Spannung durch besondere Widerstände fällt dann vollkommen weg.

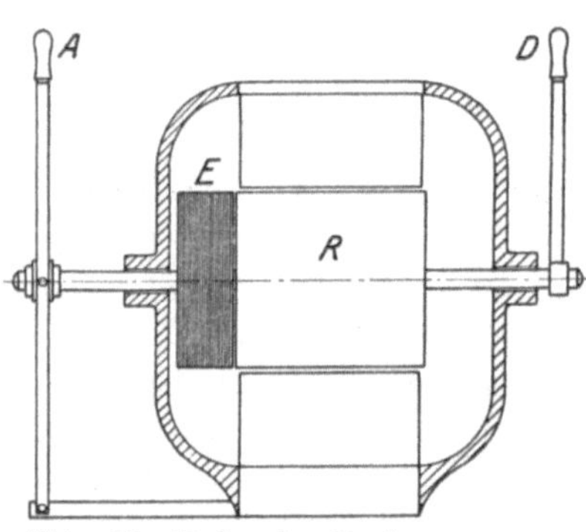

Abb. 22. Ruhender Drehstrommotor mit Spannungsregelung.

Zyklische Vertauschung für Grobregelung. Mit einem Schalter nach Abb. 23[2]) kann man bei Drehstrom die Phasen zyklisch

---

[1]) Die Abbildung ist dem D.R.G.M. 508524 entnommen. Die Einrichtung wurde von Herrn Ciffrinowitsch angegeben. Ausgeführt wird dieser Phasenschieber von der Allgemeinen Elektrizitäts-Gesellschaft.

[2]) Vgl. Orlich: ETZ 1909, S. 436.

vertauschen, ohne daß sich der Drehsinn ändert. In unserer Abbildung treten z. B. die drei Leitungen mit der Phasenfolge 1 2 3 in den Schalter ein und verlassen ihn in der Folge 3 1 2; bei den anderen beiden Stellungen erhält man die Phasenfolge 2 3 1 und 1 2 3 für die austretenden Leitungen. Die Grobregelung geht in Sprüngen von 120° Vor- oder Nacheilung vor sich. Kann man noch die Stromrichtung umschalten (etwa durch Umschalten der Erregung des Generators), so kann man die Sprünge auf 60° verkleinern.

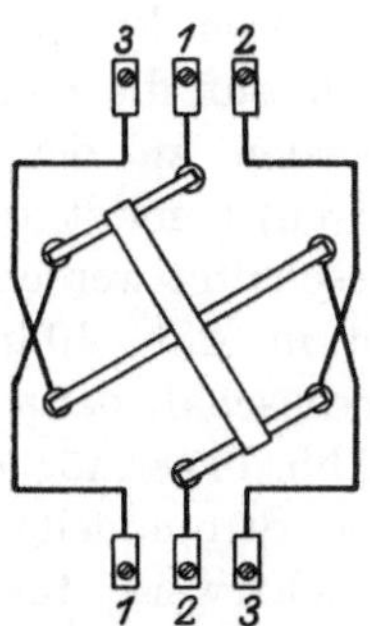

Abb. 23. Schalter für zyklische Vertauschung der Phasen.

Ringtransformator mit Schleifbürsten. Ein früher oft verwendeter Phasenschieber ist in Abb. 24 dargestellt[1]). Er setzt voraus, daß man Drehstrom zur Verfügung hat, und eignet sich nur für Einphasenmessungen. Ein Ring aus unterteiltem Eisen ist mit gleichmäßig verteilten Windungen bewickelt, die an die Lamellen einer kollektorähnlichen Kontaktbahn angeschlossen sind. Auf dieser schleifen zwei diametral einander gegenüberstehende Bürsten, die an einem im Ringmittelpunkt gelagerten doppelarmigen Hebel isoliert befestigt sind. Die Wicklung ist mit drei festen Punkten an die Drehstromquelle angeschlossen, der Meßstromkreis liegt an den beiden Schleifbürsten. Das Drehfeld und mit ihm das Maximum der induzierten Spannung wandert um den Ring mit der Geschwindigkeit der Frequenz des Drehstromes. Je nach der räumlichen Stellung der Bürsten wird deshalb das Maximum zu verschiedenen Zeiten an den Abnahmestellen der Bürsten vorhanden sein. Die Phase des zwischen den Bürsten fließenden Stromes ändert sich also mit der Bürstenstellung.

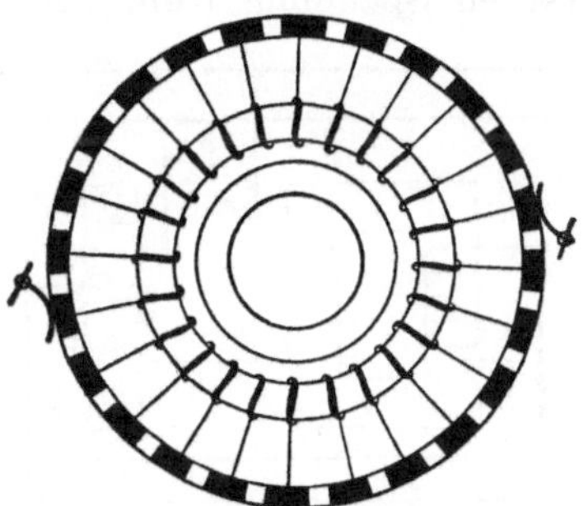

Abb. 24. Ringtransformator mit Kollektor und Schleifbürsten.

Um den magnetischen Widerstand für die Ringwicklung zu verkleinern, ordnet Wilkens noch einen zweiten Eisenring im Innern der Wicklung an. Anstatt eine Kontaktbahn vorzusehen, kann man auch die einzelnen Wicklungen am äußeren Umfang blank machen und darauf die Bürsten schleifen lassen. In dieser Ausführung eignet sich der Phasenschieber für solche Fälle, wo man ihn behelfsmäßig herstellen will.

---

[1]) Vgl. K. Wilkens: ETZ 1896, S. 501.

4. Schaltungen zur Konstanthaltung des Hauptstromes und der Spannung.

Für Dauerschaltungen liegt oft das Bedürfnis vor, die elektrischen Größen für längere Zeit selbsttätig auf einem konstanten Wert zu halten.

Von komplizierten Einrichtungen wird man meist absehen und sich auf die einfachsten Vorrichtungen beschränken. Am häufigsten werden zu dem genannten Zwecke Eisendrahtwiderstände (Variatoren) benutzt, die mit dem Regel- oder Belastungswiderstand in Serie geschaltet werden[1]). Ein solcher Widerstand in transportablem Kasten ist in Abb. 10 nach der Ausführung der Allgemeinen Elektrizitätsgesellschaft dargestellt. Die Charakteristik derartiger Eisenwiderstände (Abb. 14) ermöglicht es, auch bei recht großen Spannungsschwankungen der Stromquelle den Meßstrom konstant zu halten. Da sie sich gleicherweise für Gleich- und Wechselstrom eignen, haben sie ein weites Verwendungsgebiet.

Zur Konstanthaltung des Stromes kann man sich auch der Generatoren für konstanten Strom bedienen, die man von einem an die Netzspannung angeschlossenen Motor antreibt[2]). Jedoch wird sich die Anschaffung einer derartigen Maschine nur in solchen Fällen lohnen, wo sehr viele Dauermessungen erwünscht sind, z. B. in Eichräumen für Elektrolytzähler.

Für Wechselstrom kann man zur Aufrechterhaltung einer konstanten Spannung beim Anschluß an ein Netz schwankender Spannung die Schaltung nach Abb. 25[3]) verwenden. Die Netzspannung E erregt sowohl einen Transformator I mit geschlossenem, als auch einen mit offenem Eisenkern II. Ändert sich nun die Netzspannung und damit der Erregerstrom J, so ändert sich die Induktion im Eisenkern I und damit die Sekundärspannung, entsprechend der in Abb. 26 dargestellten Kurve E_1; die Sekundärspannung des Transformators II dagegen ändert sich proportional dem Strom J, entsprechend der Kurve E_2 in Abb. 26. Schaltet man die Sekundärwicklungen beider Transformatoren so hintereinander, daß die Spannung E_2 der Spannung E_1 entgegenwirkt, so wird die Meßspannung ent-

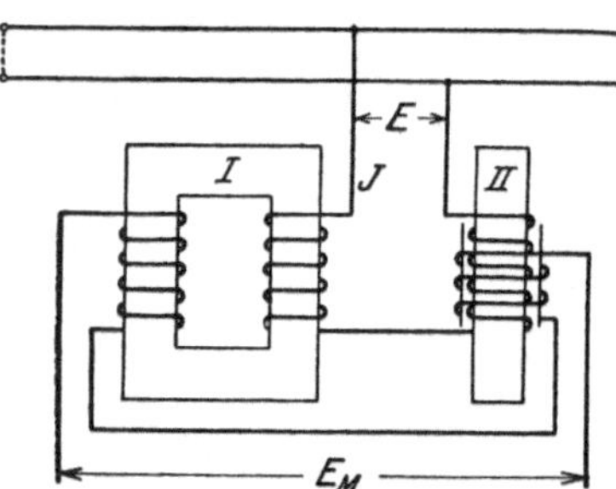
Abb. 25. Transformatorschaltung für Konstanthaltung der Spannung.

---

[1]) Vgl. Kallmann: ETZ 1906, S. 45.   [2]) ETZ 1910, S. 709.
[3]) D.R.P. 313 300 der Allgemeinen Elektrizitäts-Gesellschaft. Die Vorrichtung wird auf Wunsch von der Firma ausgeführt.

sprechend der mit E_M bezeichneten Kurve verlaufen. In der Nähe der gestrichelt gezeichneten Linie wird also die Meßspannung konstant bleiben, auch wenn sich die Netzspannung sehr stark ändert.

Es gibt noch viele Möglichkeiten, um durch bestimmte Schaltungen von Widerständen und anderen Vorrichtungen den Strom und die Spannung konstant zu halten. Es mag jedoch genügen, die genannten anzugeben, weil sie für fast alle vorkommenden Fälle genügen.

Zur Erhaltung konstanter Frequenz braucht man kompliziertere Einrichtungen, die meistens darauf hinauslaufen,

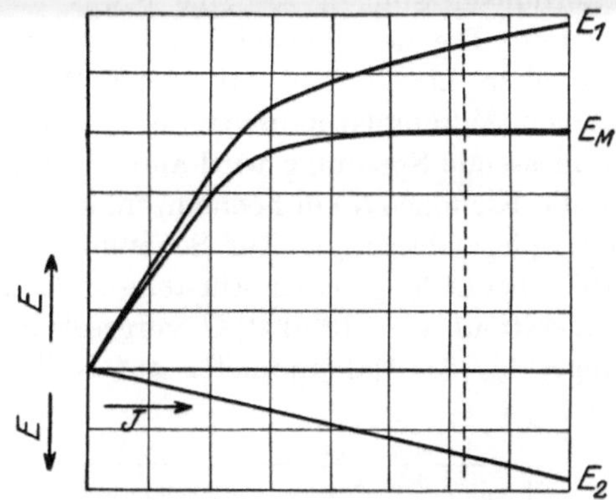

Abb. 26. Wirkungsweise der Transformatorschaltung nach Abb. 25.

die Umdrehungszahl der als Stromquellen benutzten Generatoren auf einem festen Wert zu halten. Es sei hier nur der Tirillregler erwähnt. In der meßtechnischen Praxis verwendet man solche Einrichtungen nur in Ausnahmefällen.

III. Instrumente und Hilfseinrichtungen zur Messung des wirklichen Verbrauchs.

1. Meßinstrumente.

Es geht über den Rahmen unserer Aufgabe hinaus, die Meßinstrumente, die man zum Eichen braucht, im einzelnen zu beschreiben. Wir wollen uns deshalb damit begnügen, in kurzen Zügen eine Übersicht über diejenigen Instrumente zu geben, die den Zählertechniker am meisten interessieren, und auf die Meßgenauigkeit und die möglichen Fehler hinzuweisen. Eine gute Zusammenstellung der modernen Meßgeräte hat in neuester Zeit Keinath[1]) herausgegeben.

Wir wollen nun kurz die uns am meisten interessierenden Apparate betrachten.

a) Kompensationsapparat für Gleichstrom. Als Präzisionsgleichstrommeßgerät ist der in Abb. 27 dargestellte Kompensationsapparat

---

[1]) Die Technik der elektrischen Meßgeräte. 2. Aufl. München und Berlin: Oldenburg 1922. — Vgl. auch Gruhn: Elektrotechnische Meßinstrumente. Berlin: Julius Springer 1920. Unter Bevorzugung der theoretischen Fragen: Jaeger: Elektrische Meßtechnik. Leipzig: Joh. Ambr. Barth. 1917.

von Feußner[1]) allgemein bekannt, dessen schematische Anordnung
aus Abb. 28 hervorgeht. Bei der Wichtigkeit des Apparates für Labo-
ratoriumsmessungen sei eine etwas ausführlichere Beschreibung gestattet.. Die dekadenweise unterteilten Präzisionswiderstände werden
von einem konstant gehaltenen Hilfsstrom durchflossen, der von einer
kleinen Akkumulatorenbatterie den Klemmen B zugeführt wird. Die
zu messende Spannung wird an die Klemmen X gelegt, in Reihe damit
an die Klemmen G ein hochempfindliches Galvanometer (gegebenenfalls
mit Spiegelablesung). Zur Schonung des Galvanometers gegen Stromstöße bei nicht genauer Einstellung der Kurbeln ist am Einschalter ein
Widerstand von 100000 Ω vorgesehen. Man dreht die Kurbeln so
lange, bis das Galvanometer auf Null zeigt; dann ist die durch den

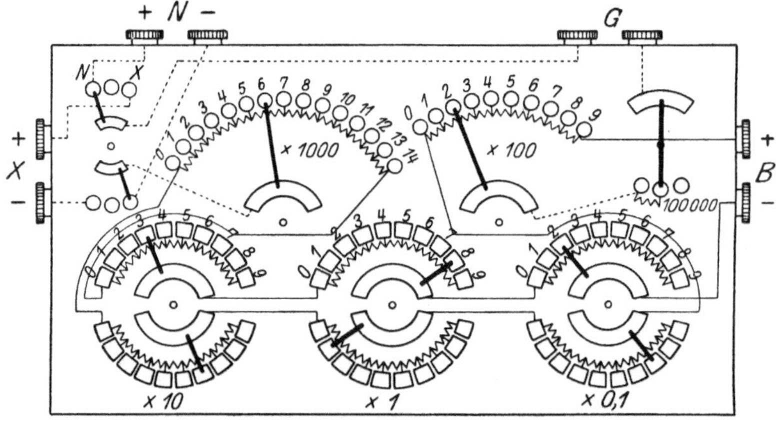

Abb. 27. Schaltung des Gleichstromkompensators.

Hilfsstrom erzeugte Spannung gleich und entgegengesetzt der zu messenden. Bei dem in Abb. 27 dargestellten Apparat werden die Tausen-
der- und Hunderter-Widerstände in ihrer Gesamtheit vom Hilfsstrom
durchflossen, an die Kurbeln dieser Widerstände wird die zu messende
Spannung einmal direkt, das andere Mal über das Galvanometer angelegt. Die Widerstände für die Zehner, Einer und Zehntel sind doppelt
ausgeführt und werden von Doppelkurbeln derart abgetastet, daß nur
die unten liegenden Widerstände für die Messung der unbekannten
Spannung benutzt werden, während die oben liegenden dazu dienen,
den Gesamtwiderstand für den Stromkreis des Hilfsstroms durch Er-
gänzung auf volle Dekaden konstant zu halten. Der Widerstand des
Kompensators hat also für alle Kurbelstellungen den Wert von 14999,9 Ω.

---

[1]) Ausführliche Literaturangaben vgl. Diesselhorst: Z. Instrumentenk.
1906, S. 173; 1908, S. 1. Hersteller sind folgende Firmen: Otto Wolff, Berlin
(Feußner), Siemens & Halske A.-G. (Raps), Land- und Seekabelwerke (Rud.
Franke), Hartmann & Braun A.-G., Weston El. Instr. Co.

Will man Spannungen bis 1,5 V. messen, so stellt man den Hilfsstrom auf 0,0001 A. ein, so daß die zu messende Spannung gleich einem Zehntausendstel des abgelesenen Widerstandes ist. Will man höhere Spannungen bis etwa 15 V. messen, so kann man den Hilfsstrom vergrößern bis etwa 0,001 A., wobei die zulässige Erwärmung der Widerstände normalerweise noch nicht überschritten wird. Für höhere Spannungen wendet man einen Spannungsteiler an, d. h. einen hohen Präzisionswiderstand, an den man die zu messende Spannung anlegt und von dem man einen kleinen Teil für die Messung mit dem Kompensator abzapft.

Zum Einstellen des Hilfsstroms braucht man ein Spannungsnormal, wozu man meist ein Weston-Normalelement (mit verdünnter Lösung) von einer konstanten Spannung 1,0187 V. verwendet[1]). Man schließt es an die mit N bezeichneten Klemmen an und kann es mit Hilfe des Umschalters an die Stelle von X setzen. Dann stellt man mit den Kurbeln den Widerstand 10 187,0 ein und reguliert mittels eines Vorschaltwiderstandes den Hilfsstrom so lange, bis das Galvanometer Null zeigt. Dann ist der Hilfsstrom 0,0001 A. Den Apparat kann man auch zur Messung von Strömen benutzen. Dabei legt man die Klemmen X an die Enden eines Normalwiderstandes. Der gemessene Strom ist dann: Spannung, mit dem Kompensationsapparat gemessen, durch Normalwiderstand. Die Normalwiderstände sind so dimensioniert, daß an ihren Klemmen beim höchstzulässigen Strom eine Spannung von etwa 1 V. herrscht.

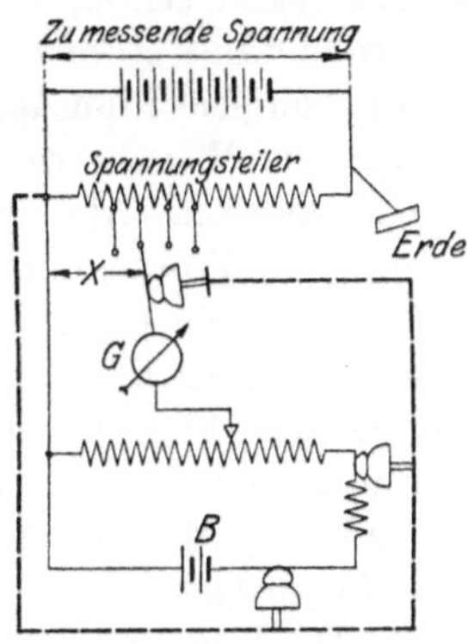

Abb. 28. Schutzleitung für den Kompensationsapparat.

In den seltensten Fällen wird man den Kompensationsapparat dazu benutzen, Gleichstromzähler zu eichen, da für technische Messungen der Zeitaufwand zu groß ist und man nur erfahrene Personen mit seiner Handhabung betrauen kann. Dagegen ist der Kompensationsapparat dort sehr brauchbar, wo die Meßbereiche der üblichen Instrumente zur Bestimmung von kleinen Spannungen und Strömen nicht mehr ausreichen und wo man sehr kleine Spannungen ohne Stromverbrauch messen will. Vor allem aber braucht man ihn zur Überwachung der Meßgenauigkeit der Gebrauchsinstrumente.

Bei der Aufstellung des Kompensationsapparates muß man sehr auf gute Isolation aller Teile, auch der den Hilfsstrom liefernden Batterie, achten, da bei der hohen Empfindlichkeit des als Nullinstrument

---

[1]) Vgl. Kohlrausch: Praktische Physik, 14. Aufl., S. 465. Clark-Elemente verwendet man wegen der starken Temperaturabhängigkeit nur noch selten.

verwendeten Galvanometers auch nur kleine Nebenströme den Galvanometerausschlag fälschen und zu großen Meßfehlern führen können.

Bei der Messung hoher Spannungen würde auch die beste Isolation nicht genügen, da das hochempfindliche Galvanometer schon sehr kleine Ströme anzeigt. Der beste Schutz ist dann eine Schutzleitung, die einerseits an die Stützen der Isolatoren für die Kompensatorleitungen und andererseits an ein solches Potential der Anordnung angeschlossen ist, daß zwischen ihr und dem Galvanometer nur die kleine Potentialdifferenz besteht, die der kompensierten Spannung entspricht. Abb. 28 zeigt die Schutzleitung als gestrichelte Linie. Man sieht ohne weiteres, daß ein Erdschluß bei „*Erde*" keinesfalls einen Strom im Galvanometer G bedingen kann. Würden dagegen die Isolatoren der Galvanometerleitung auf der Wand (Erde) befestigt sein, so könnten auch bei hohem Isolationswiderstand störende Ströme durch das Galvanometer fließen.

b) Kompensationsapparat für Wechselstrom[1]). Der Kompensationsapparat für Wechselstrom beruht auf dem gleichen Prinzip, wie der für Gleichstrom. Als Nullinstrument benutzt man am besten ein abstimmbares Vibrationsgalvanometer[2]). Den konstanten Strom muß man mittels eines hoch empfindlichen Strommessers einstellen. Eine besondere Einrichtung ist schließlich noch erforderlich für die Einstellung der Phasengleichheit zwischen der zu messenden Wechselspannung oder dem zu messenden Wechselstrom und dem den Apparat dauernd durchfließenden Hilfsstrom. Am einfachsten ist es, wenn man einen Doppelgenerator mit drehbarem Stator zur Verfügung hat (vgl. S. 18). Dann braucht man keine besonderen Hilfsmittel zur Einstellung der Phasengleichheit. Die Handhabung des Wechselstromkompensators ist nicht ganz so einfach, wie die des Gleichstromkompensators, da man die Abgleichung der Phasenverschiebung und der Spannung wechselweise so vornehmen muß, daß man allmählich auf den Kompensationswert kommt. Ebenso wie den Kompensationsapparat für Gleichstrom benutzt man den für Wechselstrom in ganz bestimmten Fällen, z. B. zur Messung des Eigenverbrauchs und des Spannungsabfalles bei Wechselstromzählern, zur Messung der Spannung an Meßspulen für die Bestimmung der Wechselfelder, zur Messung der Strömung in der Scheibe. Da durch die neueren Arbeiten auf diesem Gebiet das Zutrauen zu der Zuverlässigkeit der Messungen mit dem Wechselstromkompensator stark gestiegen ist, sollte in keinem Zählerlaboratorium ein solcher Apparat fehlen.

---

[1]) Vgl. v. Krukowski: Vorgänge in der Scheibe eines Induktionszählers und der Wechselstromkompensator als Hilfsmittel zu deren Erforschung. Berlin: Julius Springer 1920. Dort sind auch die Fehlerquellen ausführlich erörtert.

[2]) Schering und Schmidt: Arch. Elektrot. 1912, S. 254; Z. Instrumentenk. 1918, S. 1; ETZ 1918, S. 410. Im Prinzip gleiche Instrumente werden von Hartmann & Braun und Siemens & Halske hergestellt.

c) Drehspulinstrumente für Gleichstrom. Für Präzisionsmessungen an Gleichstromzählern benutzt man zweckmäßig Drehspulinstrumente nach Deprez-d'Arsonval. Sie haben den Vorzug einer proportionalen Skala, da ihr Drehmoment durch Zusammenwirken des in der Drehspule fließenden Stromes mit dem Feld des permanenten Magnets zustande kommt. Bei vorsichtiger Behandlung bleiben sie unverändert, so daß man sie nur etwa alle Jahre zu eichen braucht. Die Meßgenauigkeit kann mit etwa 0,2 % des Endwerts des Meßbereichs angenommen werden[1]).

Bei Spannungsmessern kann man das Meßbereich der Drehspulinstrumente durch Vorschaltwiderstände im Instrument oder außerhalb desselben bis auf etwa 1000 V. erweitern. Da die Vorschaltwiderstände sehr genau abgeglichen werden können und aus temperaturfreiem Material hergestellt sind, bleibt die Meßgenauigkeit der Instrumente auch unter Anwendung von Vorschaltwiderständen erhalten (vgl. unten Kapitel III, 2).

Für Strommesser erhält man verschiedene Meßbereiche durch Parallelschaltung von Nebenschlußwiderständen, die für alle Stromstufen den gleichen Spannungsabfall haben. Auch diese müssen genau abgeglichen sein, damit man die gewünschte Meßgenauigkeit beibehalten kann. Die Temperaturabhängigkeit ist bei Strommessungen meist etwas größer als bei Spannungsmessungen, weil wegen des geringen Spannungsabfalles die Drehspule nur geringen Widerstand haben darf und daher aus Kupfer hergestellt sein muß. Durch Kompensationsschaltungen kann zwar der Temperatureinfluß sehr herabgedrückt werden; ganz unabhängig davon sind die Strommesser jedoch nicht herstellbar.

d) Hitzdrahtinstrumente für Gleich- und Wechselstrom. Hitzdrahtinstrumente beruhen auf der Ausdehnung eines stromdurchflossenen Drahtes infolge der Stromwärme. Sie messen für Gleich- und für Wechselstrom jeweils den quadratischen Mittelwert und haben also für beide Stromarten gleiche Skala. Wenn man sie richtig behandelt, sind sie als Präzisionsinstrumente sehr wohl geeignet, und zwar sowohl als Strom- als auch als Spannungsmesser. Sie haben den Nachteil, daß der Stromverbrauch sehr groß ist und daß ihre Skala quadratisch geteilt werden muß. Eine gewisse Nachwirkung zeigt sich bei ihnen oft durch Verschiebung des Nullpunktes, jedoch kann man diese durch eine bei neueren Fabrikaten angebrachte Nullpunktstellung vor jeder Messung bequem beheben. Ein großer Vorzug der Hitzdrahtinstrumente ist der, daß sie gleicherweise für Gleich- und Wechselstrom verwendet werden können und von der Frequenz vollkommen unabhängig sind, solange sie keine hohen Werte erreicht. Hitzdraht-

---

[1]) Über die zulässigen Anzeigefehler vgl. Regeln für Meßgeräte, ETZ 1922, H. 9, S. 290. Tabellarische Zusammenstellung siehe Die Elektrizität 1922, H. 45, S. 434. Vgl. auch H. B. Brooks: American Institute of Electrical Engineers, Febr. 20, 1920.

instrumente, die große Ströme direkt messen, sind wegen der großen Eigenfelder frequenzabhängig. Bei allen Hitzdrahtinstrumenten muß man es vermeiden, sie starken Feldern auszusetzen. Mit ihnen kann eine Meßgenauigkeit von etwa $0,4\%$ des Endwertes des Meßbereichs erzielt werden.

e) Thermoelemente zur Messung kleiner Wechselströme. Für die Messung sehr kleiner Wechselströme kann man zweckmäßig Thermokreuze in Verbindung mit hochempfindlichen Gleichstrominstrumenten (Zeigergalvanometern) verwenden[1]. Sie beruhen darauf, daß durch die Stromwärme des Wechselstroms die Lötstelle eines Thermoelements erwärmt wird und der Thermostrom mit einem Gleichstrominstrument gemessen wird. Die Instrumente eicht man am besten mit Wechselstrom, indem man sie mit einem hohen induktionsfreien Widerstand hintereinanderschaltet. Die Wechselspannung an den freien Enden mißt man mit einem Präzisionsspannungsmesser und berechnet den Strom im Thermoelement nach dem Ohmschen Gesetz. Würde man mit kommutiertem Gleichstrom eichen, so müßte man die durch Peltiereffekt entstehenden Fehler mit in Kauf nehmen. Die Empfindlichkeit ist abhängig von der Konstruktion und Anordnung der Thermoelemente, die Meßgenauigkeit auch von der des benutzten Gleichstrominstruments.

f) Weicheiseninstrumente für Gleich- und Wechselstrom. Weicheiseninstrumente eignen sich für Gleich- und Wechselstrom gleich gut, müssen aber für Wechselstrom besonders geeicht werden. Sie haben den Vorzug, daß man ihre Skala über einen großen Teil gleichmäßig gestalten kann. Anfänglich ist die Teilung quadratisch. Bei Spannungsmessern kann man das Meßbereich durch Vorschaltwiderstände erweitern. Ihre Meßgenauigkeit kann mit etwa $0,4\%$ des Endwerts des Meßbereichs angegeben werden.

g) Elektrodynamische Spannungs- und Strommesser für Wechselstrom. Als Spannungs- und Strommesser haben die elektrodynamischen Instrumente quadratische Skala. Will man eine Anzahl Messungen mit verschiedenen Belastungen anstellen, so muß man deshalb das Meßbereich während der Messungen oft ändern. Bei Spannungsmessern kann man das Meßbereich bis etwa 1000 V. durch Vorschaltwiderstände erweitern. Darüber hinaus benutzt man Meßwandler mit einer Spannung von etwa 110 oder 100 V. an den Sekundärklemmen.

Bei elektrodynamischen Strommessern ist die Verwendung von Nebenschlußwiderständen zur Erweiterung des Meßbereichs nicht möglich, weil die Selbstinduktion der Stromspule die Phase des Instrumentenstromes gegen die des Stromes im Nebenschlußwiderstand verschiebt. Man kann außer durch verschiedene Schaltungen der

---

[1] Schering: Z. Instrumentenk. 1912, S. 69 und 101; vgl. auch Gossen: ETZ 1910, S. 143.

unterteilten Stromspule das Meßbereich nur durch Anwendung von Meßwandlern erweitern.

Die Meßgenauigkeit der elektrodynamischen Instrumente kann $0,3\%$ des Endwerts des Meßbereichs erreichen. Man eicht sie mit Gleichstrom, wobei man den Einfluß des Erdfeldes dadurch eliminiert, daß man für jeden zu eichenden Punkt zwei Messungen mit umgekehrter Stromrichtung macht und deren Mittelwert nimmt.

h) Elektrodynamische Leistungsmesser. Elektrodynamische Leistungsmesser haben eine fast proportionale Skala. Sie können für Gleichstrom nur dann verwendet werden, wenn man zwei Messungen mit

Abb. 29. Elektrodynamischer Leistungsmesser von Siemens & Halske mit Fadenaufhängung der Drehspule.

entgegengesetzten Stromrichtungen im Strom- und Spannungskreise macht. Der Mittelwert aus diesen beiden Messungen ist dann der zu verwendende Wert, der unabhängig vom Erdfeld ist. Auf diese Weise eicht man die Instrumente mit Hilfe des Gleichstromkompensationsapparates.

Bei Wechselstrom mißt man mit ihnen die effektive Leistung $E \cdot J \cdot \cos\varphi$. Störende äußere Felder muß man vor allem bei Hochstrommessungen zu vermeiden trachten. Die elektrodynamischen Leistungsmesser sind fast die einzigen Intrumente, die für Präzisionsmessungen der Leistung bei Wechselstrom verwendet werden. In Verbindung mit Wandlern benutzt man meist Apparate, die ein Meßbereich von 5 A. und 100 bis 150 V. haben. Im Spannungskreis kann man das Meßbereich natürlich auch durch Vorschaltwiderstände vergrößern. Die Meßgenauigkeit kann man mit mindestens $0,2\%$ des Endwerts des Meßbereichs annehmen.

Zur Messung sehr kleiner Leistungen, wie z. B. des Eigenverbrauchs von Wechselstromzählern, hat man sehr empfindliche Apparate mit Fadenaufhängung für die Drehspule konstruiert. In Abb. 29 ist ein solches Instrument der Firma Siemens & Halske abgebildet. Auch die Firma Hartmann & Braun stellt einen Leistungsmesser bis zu einer Empfindlichkeit von 0,03 W für einen Skalenteil her. Da diese Instrumente gegen äußere Felder sehr empfindlich sind, kann man sie kaum mit Gleichstrom eichen. Man nimmt die Eichung besser mit Wechselstrom vor, indem man die Stromspule mit einem sehr hohen induktionsfreien Widerstand von bekannter Größe in Reihe schaltet und die Kombination an die Spannungsspule und einen Präzisionsspannungsmesser anschließt. Weniger bekannt ist der astatische Leistungsmesser von Dudell, der von R. W. Paul in London ausgeführt wird. Die Drehspulen sind

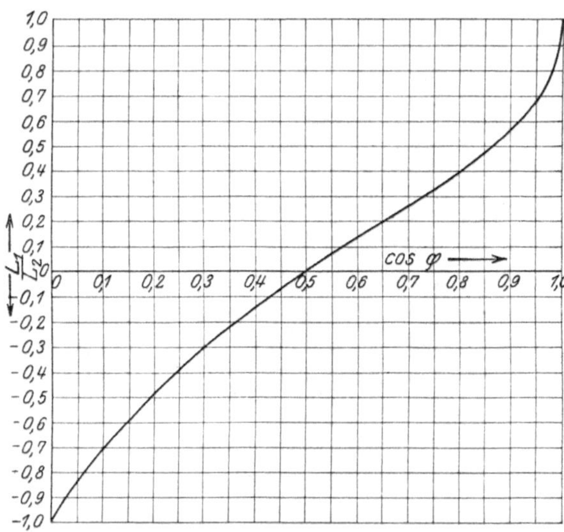

Abb. 30. Leistungsfaktor bei der Zweiwattmetermethode.

an einem mit einer 500 teiligen Skala von großem Umfang versehenen Torsionskopf aufgehängt. Die Nullstellung wird durch Verdrehen des Torsionskopfes und Anvisieren der einen Drehspule erreicht. Die Stromspulen sind zehnfach unterteilt und können durch einen Stöpselschalter auf die Meßbereiche 1 bis 10 A. geschaltet werden. Der Stöpselschalter ist vom Instrument räumlich getrennt und durch biegsame Kabel mit ihm verbunden. Das niedrigste Spannungsmeßbereich ist 100 V. Die Meßgenauigkeit solcher Instrumente kann mit 0,2 Teilstrichen angenommen werden.

i) **Ferrodynamische Instrumente**[1]). Ferrodynamische Instrumente, die auf demselben Prinzip beruhen wie die eisenlosen elektrodynamischen Instrumente, jedoch einen eisengeschlossenen magnetischen Kreis haben, sind nur als Wattmeter Präzisionsinstrumente. Es wird sich mit ihnen eine Meßgenauigkeit von ungefähr 0,4 % des Endwerts des Meßbereichs erreichen lassen.

---

[1]) Dolivo-Dobrowolsky: ETZ 1913, S. 113.

k) Phasenmesser. Hat man sinusförmigen Verlauf des Wechselstromes, so kann man die Phase aus dem Leistungsfaktor ohne weiteres bestimmen, den man aus dem Verhältnis der Angaben des Leistungsmessers und dem Produkt der Angaben des Strom- und Spannungsmessers errechnet. Dies ist das übliche Verfahren. Bei Drehstrommessungen mit 2 Wattmetern entnimmt man den Wert des Leistungsfaktors den Kurven der Abb. 30, deren Werte nach der bekannten Gleichung $\tan \varphi = \dfrac{L_1 - L_2}{L_1 + L_2} \cdot \sqrt{3}$ berechnet sind. Die Gleichung gilt nur für gleiche Belastung aller drei Phasen. Hat man die Stromspulen der zwei Leistungsmesser in den Phasen 1 und 2 liegen, während ihre Spannungsspulen an 1—3 und 2—3 angeschlossen sind, so zeigt ein dritter Leistungsmesser mit der Stromspule in Phase 3 einen dem Leistungsfaktor proportionalen Ausschlag, wenn man seine Spannungsspule an 3—0 anschließt. Die in Abb. 30 dargestellte Kurve kann man auch durch eine Skala[1]) oder durch eine Fluchtlinientafel[2]) ersetzen.

Bequemer ist es, den Leistungsfaktor direkt mit einem sogenannten Phasenmesser zu bestimmen. Die Phasenmesser bestehen meist aus mehreren auf einer Achse befestigten Drehspulen, denen Widerstände und Selbstinduktionen vorgeschaltet sind[3]). Die Skala derartiger Phasenmesser ist meist nicht ganz proportional und ist natürlich nur dann richtig, wenn man Wechselstrom von derselben Kurvenform mißt, mit dem der Phasenmesser vorher geeicht wurde.

l) Zungenfrequenzmesser. Sehr brauchbar für Laboratoriumszwecke und für Messungen an Ort und Stelle sind die Zungenfrequenzmesser, die von Hartmann & Braun und Siemens & Halske hergestellt werden. Sie beruhen darauf, daß die Eigenfrequenzen einer Reihe von Stahlzungen entsprechend den zu messenden Frequenzen abgestimmt sind. Die Stahlzungen werden durch Elektromagnete, die von dem zu messenden Wechselstrom erregt werden, in Schwingungen gebracht. Da die Apparate auf dem Resonanzprinzip beruhen, kann man recht genau mit ihnen messen, falls die Zungen richtig abgestimmt sind. Zur Erweiterung des Meßbereiches auf die doppelte Frequenz sind besondere Umschalter vorgesehen. Auch kann man die Apparate für verschiedene Spannungen verwenden.

m) Zeigerfrequenzmesser mit einem Zeiger[4]). Zeigerfrequenzmesser beruhen darauf, daß eine feste und eine drehbare Spule in eine Kombination von Widerständen oder Kondensatoren und Selbstinduktionen so eingefügt sind, daß der Ausschlag der beweglichen Spule von der Frequenz abhängig ist. Sie sind so eingerichtet, daß in

---

[1]) L. Schmitz: ETZ 1923, S. 904. [2]) H. Langrehr: ETZ 1923, S. 178.
[3]) Sie werden z. B. von Siemens & Halske und Hartmann & Braun hergestellt.
[4]) Vgl. Martienssen: ETZ 1910, S. 204; Elektrische Kraftbetriebe und Bahnen, S. 372; ferner Keinath: ETZ 1916, S. 271.

gewissen Grenzen die Spannung keinen Einfluß auf die Angaben ausübt.

n) Zeigerfrequenzmesser mit zwei sich kreuzenden Zeigern[1]). Zeigerfrequenzmesser mit zwei sich kreuzenden Zeigern sind öfters gebaut worden und beruhen darauf, daß zwei dynamometrische Instrumente, welche in bestimmten Schaltungen mit Widerständen und Selbstinduktionen verbunden sind, bei verschiedenen Frequenzen verschiedene Ausschläge geben. Der Kreuzungspunkt beider Zeiger wird dabei zur Messung der Frequenz benutzt. An Stelle der dynamometrischen Instrumente kann man auch zwei Hitzdrahtstrommesser verwenden, von denen dem einen ein Widerstand, dem anderen eine Selbstinduktion vorgeschaltet ist.

2. Verwendung der Vorrichtungen zur Erweiterung der Meßbereiche zusammen mit den Instrumenten.

a) Vorschaltwiderstände. Die Strom-, Spannungs- und Leistungsmesser werden meist für alle Hauptstrommeßbereiche und die gebräuchlichsten Spannungsmeßbereiche geeicht. Will man Messungen in Spannungsmeßbereichen machen, für die man das Instrument nicht zusammen mit den Vorschaltwiderständen geeicht hat, so muß man die Werte für die zur Erweiterung des Meßbereiches benutzten Vorschaltwiderstände genau kennen. Dann kann man die von der Eichung mit einem bekannten Widerstandswert im Spannungskreis her bekannten Korrekturen auf den neuen Widerstandswert umrechnen.

Bei einem Spannungsmesser sei für ein bestimmtes Meßbereich die Konstante gegeben durch die Gleichung

$$c \cdot \alpha_{max} = E_{max},$$

wobei α_{max} der maximale Zeigerausschlag und E_{max} der Sollwert der maximalen Spannung für das betrachtete Meßbereich ist. Für dieses Meßbereich habe der Spannungsmesser den Widerstand r_1. Dann gilt für einen beliebigen Ausschlag

$$E = c \cdot (\alpha + k) = i \cdot r_1.$$

i ist der durch den Widerstand r_1 fließende Strom, k die Skalenkorrektur[2]).

Das Meßbereich wird nun dadurch vergrößert, daß man nach Abb. 31 einen Vorschaltwiderstand r_2 zu r_1 zufügt. Für den gleichen

---

[1]) Joly: Compt. rend. Bd. 150, S. 826 (1910). L'Electricien, Serie 2, Bd. 39, S. 193 (1910). — Ferrié: Lumière Electrique, Bd. 12, S. 427 (1910); ETZ 1911, S. 474.

[2]) Man könnte natürlich auch den Skalenfehler $F = -k$ benutzen, wir wollen uns aber der Gepflogenheit der Meßtechnik anschließen und die Korrektur k benutzen.

Ausschlag α fließt der gleiche Strom i durch $r_1 + r_2$. Es ist

$$E' = c'(\alpha + k) = i \cdot (r_1 + r_2).$$

Es folgt

$$E' = c(\alpha + k) \cdot \frac{r_1 + r_2}{r_1}.$$

Für das neue Meßbereich muß man also die Ablesung α erst mit der vom ersten Meßbereich bekannten Skalenkorrektion k korrigieren und dann mit der neuen Konstanten

$$c' = c \cdot \frac{r_1 + r_2}{r_1}$$

multiplizieren.

Führt man die Sollwerte R_1, R_2 für die Widerstände ein, so kann man die Sollkonstante für das neue Meßbereich schreiben

$$c_s = c \cdot \frac{R_1 + R_2}{R_1};$$

dies gibt normalerweise einen runden Wert. Die Gleichung für E' kann man dann auf die Form bringen

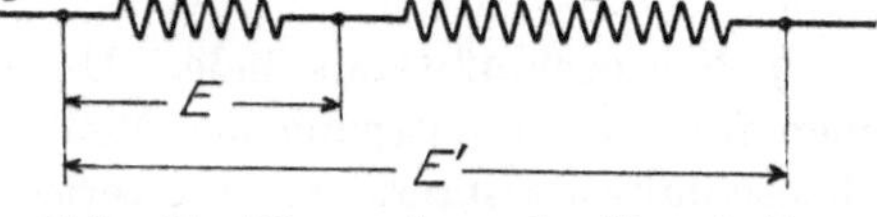

Abb. 31. Verwendung der Vorschaltwiderstände.

$$E' = c_s(\alpha + k) + \delta\,(\alpha + k).$$

δ ist die relative Abweichung vom Sollwert für das neue Meßbereich; sie berechnet sich aus δ_1 und δ_2, den relativen Abweichungen vom Sollwert der Widerstände R_1 und R_2, wenn man δ_1 und δ_2 folgendermaßen definiert:

$$r_1 = R_1\,(1 + \delta_1) \qquad r_2 = R_2\,(1 + \delta_2)$$

$$\delta = c \cdot \frac{R_2}{R_1} \cdot \frac{\delta_2 - \delta_1}{1 + \delta_1},$$

$1 + \delta_1$ kann man oft $= 1$ setzen.

Zahlenbeispiel:

$$r_1 = 1002\ \Omega \qquad R_1 = 1000\ \Omega \qquad \delta_1 = 0{,}2\,\%$$
$$r_2 = 4006\ \Omega \qquad R_2 = 4000\ \Omega \qquad \delta_2 = 0{,}15\,\%$$

$c = 0{,}2$ für das erste Meßbereich.

$$c_s = c \cdot \frac{R_1 + R_2}{R_1} = 1{,}0$$

$$\delta = c \cdot \frac{R_2}{R_1} \cdot \frac{\delta_2 - \delta_1}{1 + \delta_1} = 0{,}2 \cdot 4 \cdot \frac{-\,0{,}05\,\%}{1{,}002}$$

$$= -\,0{,}04\,\% \text{ für das erweiterte Meßbereich.}$$

Bei einer Ablesung $\alpha = 122{,}3$ Teilstrichen sei die Skalenkorrektion

$$k = +\,0{,}3 \text{ Teilstriche. Es ist}$$
$$\overline{\alpha + k = 122{,}6}$$

$$E' = 1{,}0 \cdot 122{,}6 - \frac{0{,}04}{100} \cdot 122{,}6$$
$$= 122{,}6 - 0{,}05 \text{ V}.$$

Will man die Skalenkorrektion k' für das neue Meßbereich erhalten, so kann man die Gleichung für E' auch auf die Form bringen:

$$E' = c_s \,(\alpha + k')\,.$$

Die Skalenkorrektion kann man dann schreiben

$$k' = k + \frac{R_2}{R_1 + R_2}\,(\delta_2 - \delta_1) \cdot (\alpha + k)\,^1)\,.$$

Für Leistungsmesser gilt das gleiche wie für Spannungsmesser; denn für jedes Strommeßbereich muß man bei ihnen eine gesonderte Eichung vornehmen, so daß also nur für die verschiedenen Spannungsmeßbereiche eine Erweiterung durch Vorschaltwiderstände in Frage kommt.

b) Nebenschlußwiderstände. Umständlicher werden die Korrektionen für die Erweiterung des Meßbereichs eines Instrumentes durch Nebenschlußwiderstände. Die Überlegungen brauchen nur für Strommesser für Gleichstrom gemacht zu werden. Abb. 32a zeigt das Schaltungsschema für ein Meßbereich, Abb. 32b dasjenige für eine Erwei-

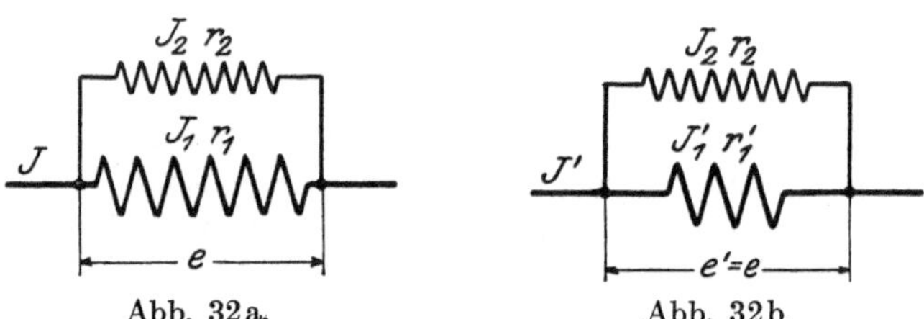

Abb. 32a.   Abb. 32b.
Verwendung der Nebenschlußwiderstände.

terung des Meßbereichs durch Ersatz des Widerstandes r_1 durch den Widerstand r_1'. Es sei wieder die Konstante definiert durch die Gleichung

$$c \cdot \alpha_{max} = J_{max}\,.$$

Dies gilt für das Meßbereich, für das die Skalenkorrektion k durch Eichung bestimmt wurde.

Für ein und denselben Ausschlag α gelten in den beiden durch die Abb. 32a und b gekennzeichneten Meßbereichen die Gleichungen

$$c \cdot (\alpha + k) = J = e \cdot \frac{r_1 + r_2}{r_1 \cdot r_2}\,,$$

$$c' \cdot (\alpha + k) = J' = e \cdot \frac{r_1' + r_2}{r_1' \cdot r_2}\,.$$

---

^{1}) Vgl. Orlich: Helios 1909, S. 373.

$J_2 = \dfrac{e}{r_2}$, also auch e, ist in beiden Fällen gleich. Es folgt

$$J' = c \cdot (\alpha + k) \cdot \frac{r_1}{r_1'} \cdot \frac{r_1' + r_2}{r_1 + r_2}.$$

Bringt man die Gleichung auf die Form

$$J' = c_s(\alpha + k) + \delta(\alpha + k),$$

so ist darin

$$c_s = c \cdot \frac{R_1}{R_1'} \cdot \frac{R_1' + r_2}{R_1 + r_2},$$

wobei R_1, R_1' die Sollwerte der Widerstände bedeuten; der Sollwert R_2 ist mit r_2 identisch.

Definiert man δ_1 und δ_1' aus den Gleichungen

$$r_1 = R_1\,(1 + \delta_1)$$
$$r_1' = R_1'\,(1 + \delta_1'),$$

so erhält man, wenn man $\delta_1 \cdot \delta_1'$ gegenüber δ vernachlässigt,

$$\delta = c \cdot \left(\delta_1 \frac{R_1' + r_2}{R_1 + r_2} - \delta_1' \right) : \left[(1 + \delta_1') \left(1 + \delta_1 + \frac{r_2}{R_1} \right) \cdot \frac{R_1'}{r_2} \right].$$

Kann man $1 + \delta_1'$ und $1 + \delta_1 = 1$ setzen und ist r_2 groß im Verhältnis zu R_1 und R_1', so vereinfacht sich die Gleichung in

$$\delta = c \cdot \frac{r_2 \cdot R_1}{R_1'\,(R_1 + r_2)} \,(\delta_1 - \delta_1').$$

Um die Skalenkorrektion k' für das neue Meßbereich zu erhalten, kann man die Gleichung für J' wieder auf die Form bringen

$$J' = c_s(\alpha + k').$$

Es ist dann

$$k' = k + \left[\left(\delta_1 - \delta_1' \frac{R_1 + r_2}{R_1' + r_2} \right) \cdot (\alpha + k) \right] : \left[(1 + \delta_1') \left(1 + \delta_1 + \frac{r_2}{R_1} \right) \frac{R_1}{r_2} \right].$$

Zahlenbeispiel:

$$R_2 = r_2 = 10{,}02 \qquad c = 0{,}01$$
$$R_1 = 0{,}5260 \qquad\qquad r_1 = 0{,}5360 \qquad\qquad \delta_1 = +\,1{,}901\,\%$$
$$R_1' = 0{,}050227 \qquad\quad r_1' = 0{,}05000 \qquad\quad \delta_1' = -\,0{,}452\,\%$$

$$c_s = c \cdot \frac{R_1}{R_1'} \cdot \frac{R_1' + r_2}{R_1 + r_2} = 0{,}01 \cdot \frac{0{,}5260}{0{,}050227} \cdot \frac{10{,}07023}{10{,}5460}$$

$$= 0{,}01 \cdot 10{,}000 = 0{,}1000.$$

$$\delta = 0{,}01 \cdot \frac{1{,}901 \cdot 0.955 + 0{,}452}{0{,}9955 \cdot (1{,}01901 + 19{,}049) \cdot 0{,}005013}\,\%$$

$$= +\,0{,}01 \cdot 22{,}6 = +\,0{,}226\,\%$$ des Ausschlages für das erweiterte Meßbereich.

Bei einer Ablesung von $\alpha = 142{,}4$ Teilstrichen sei die Skalenkorrektion

$$k = -\,0{,}3 \text{ Teilstriche.}$$
$$\overline{\alpha + k = 142{,}1}$$

$$J' = 0{,}100 \cdot 142{,}1 + \frac{0{,}226}{100} \cdot 142{,}1 = 14{,}21 + 0{,}32 = 14{,}53 \text{ A.}$$

und $k' = k + \dfrac{\delta}{c_s}(\alpha + k) = -0{,}3 + \dfrac{2{,}26}{100} \cdot 142{,}1 = -0{,}3 + 3{,}21 = +2{,}91$ Teilstriche.

c) Strom- und Spannungswandler. Bei Verwendung von Strom- und Spannungswandlern muß sowohl der Übersetzungsfehler als auch der Winkelfehler berücksichtigt werden. Folgende Definitionen sind zu beachten:

$$U = \text{Hatübersetzung} \qquad = \frac{\text{Primärer Wert}}{\text{Sekundärer Wert}}$$

$$= \frac{J_1}{J_2} \text{ oder } \frac{E_1}{E_2},$$

$$U_\mathfrak{N} = \text{Nennübersetzung} \qquad = \frac{\text{Primärer Nennwert}}{\text{Sekundärer Nennwert}}$$

$$= \frac{J_{1\mathfrak{N}}}{J_{2\mathfrak{N}}} \text{ oder } \frac{E_{1\mathfrak{N}}}{E_{2\mathfrak{N}}},$$

$$\varDelta U = \text{Übersetzungsfehler}^{[1]} \quad = \frac{\text{Hatwert} - \text{Nennwert}}{\text{Nennwert}}$$

$$= \frac{J_2 - J_{2\mathfrak{N}}}{J_{2\mathfrak{N}}} \text{ oder } \frac{E_2 - E_{2\mathfrak{N}}}{E_{2\mathfrak{N}}},$$

$$= \frac{\text{Nennübersetzung} - \text{Hatübersetzung}}{\text{Hatübersetzung}}$$

$$= \frac{U_\mathfrak{N} - U}{U}, \text{ wenn } J_1 = J_{1\mathfrak{N}} \text{ und } E_1 = E_{1\mathfrak{N}}$$

gesetzt wird. Diese Gleichsetzung ist nötig, weil man den primären Wert als den Wert festsetzen muß, von dem man ausgeht. Nach unserer Definition ist also der Übersetzungsfehler gleich dem Strom- oder Spannungsfehler[2].

In Abb. 33 sind die sekundären Ströme und Spannungen auf die primären bezogen worden. Die Winkel δ_J und δ_E geben die Abweichungen von der 180^0-Verschiebung an. Die Projektionen der Spannungsvektoren auf die Stromvektoren entsprechen den Leistungen. Die Primärleistung ist $L_1 = E_1 \cdot J_1 \cdot \cos\varphi$; auf den Primärkreis übertragen ergibt sich die sekundäre Nennleistung mit

---

[1]) Genau genommen müßte man $\dfrac{\varDelta U}{U}$ schreiben.

[2]) Von anderer Seite wird manchmal der Übersetzungsfehler folgendermaßen definiert: $\dfrac{U - U_\mathfrak{N}}{U_\mathfrak{N}}$. Dies führt aber nur unnötige Verwechslungen herbei.

$$L_{2\Re} = E_{2\Re} \cdot J_{2\Re} \cdot \cos\varphi = \frac{E_{1\Re}}{U_{E\Re}} \cdot \frac{J_{1\Re}}{U_{J\Re}} \cdot \cos\varphi.$$

Die wahre Sekundärleistung (oder sekundäre Hatleistung) ist, alle Fehler einbezogen,

$$L_2 = E_2 \cdot J_2 \cdot \cos(\varphi + \delta_E - \delta_J)$$

$$= \frac{E_1}{U_E} \cdot \frac{J_1}{U_J} \cos(\varphi + \delta_E - \delta_J).$$

Der gesamte prozentuale Meßfehler wird, wenn man $E_1 = E_{1\Re}$ und $J_1 = J_{1\Re}$ setzt,

$$\varDelta = \frac{L_2 - L_{2\Re}}{L_{2\Re}} \cdot 100$$

$$= \left(\frac{U_{E\Re} \cdot U_{J\Re}}{U_E \cdot U_J} \cdot [\cos(\delta_E - \delta_J) - \sin(\delta_E - \delta_J) \cdot \tan\varphi] - 1 \right) \cdot 100.$$

Nach einigen Umrechnungen folgt, wenn man

$$\varDelta_{UE} \cdot \varDelta_{UJ} = 0, \qquad \cos(\delta_E - \delta_J) = 1, \qquad \sin(\delta_E - \delta_J) = \frac{\pi}{10\,800} \cdot (\delta_E - \delta_J)$$

einsetzt, der prozentuale Meßfehler

$$\varDelta = + \varDelta_{UE} + \varDelta_{UJ} - \frac{\pi}{108}(\delta_E - \delta_J) \cdot \tan\varphi.$$

Darin sind einzusetzen:

die Übersetzungsfehler $\varDelta_{UE}$ und $\varDelta_{UJ}$ in Prozenten,
die Winkel δ_E und δ_J in Minuten.

Hat man nur einen **Stromwandler** oder einen **Spannungswandler**, so bleibt natürlich nur der jeweilige Übersetzungs- und Winkelfehler zu berücksichtigen. Um bequem arbeiten zu können, trägt man sich meist für jedes Meßbereich des Wandlers die Übersetzungsfehler und die Abweichungen von der $180\,^0$-Verschiebung in Abhängigkeit von der sekundären Belastung auf Kurvenblättern auf.

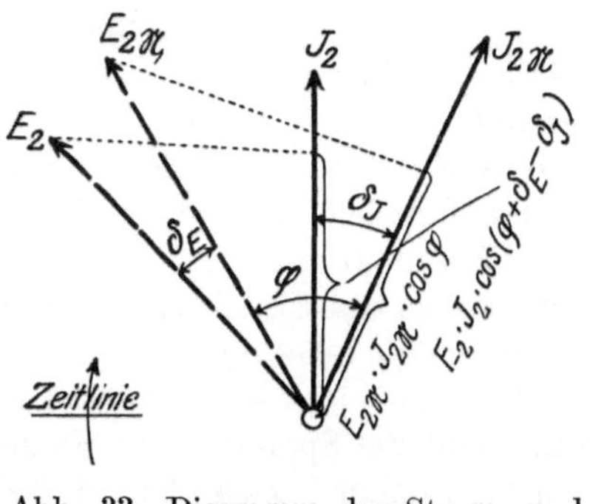

Abb. 33. Diagramm des Strom- und Spannungswandlers.

Zahlenbeispiel:

$\varDelta_{UE} = -0,55\,\%$ $\cos\varphi = 0,5$
$\varDelta_{UJ} = +0,32\,\%$ $\tan\varphi = 1,732$
$\delta_E = +5'$
$\delta_J = +15'.$

$$\text{Übersetzungsfehler} = +(-0,55) + 0,32 = -0,23\,\%,$$

$$\text{Winkelfehler} = -\frac{\pi}{108} \cdot (5 - 15) \cdot 1,732 = +0,50\,\%,$$

$$\varDelta = -0,23 + 0,50 = +0,27\,\%.$$

3. Hilfsvorrichtungen zur Bestimmung der Stromrichtung und der Phase.

a) Drehspulinstrument. Bei Gleichstromleitungen ist man oft im ungewissen, ob man den positiven oder den negativen Leiter vor sich hat. Hat man ein Drehspulinstrument nach Deprez-d'Arsonval zur Hand, auf dem die Klemmen mit + und — bezeichnet sind, so kann man daran, daß der Ausschlag des Instruments positiv oder negativ wird, sehen, ob man die richtige oder falsche Leitung gefaßt hat.

b) Polreagenzpapier. Immer in der Tasche kann man sogenanntes Polreagenzpapier bei sich tragen, das streifenweise geschnittenes, mit Lackmus getränktes Fließpapier ist. Feuchtet man dieses Papier etwas an und bringt man beide Pole der Stromquelle auf seine Oberfläche, so färbt sich infolge der chemischen Zersetzung der Lackmuslösung die Stelle, auf die der positive Pol kommt, rot, diejenige, auf die der negative Pol kommt, blau.

c) Veränderliche Selbstinduktion zur Bestimmung der Phase bei Wechselstrom. Zur Bestimmung der Vor- oder Nacheilung eines Wechselstroms gegenüber einem anderen ist die Schaltung nach Abb. 34a sehr einfach herzustellen. Die Stromspule eines Leistungsmessers L wird vom Strom J durchflossen, die Spannungsspule vom Strom i. Außer dem Vorschaltwiderstand r schaltet man der Spannungsspule noch eine Spule mit hoher

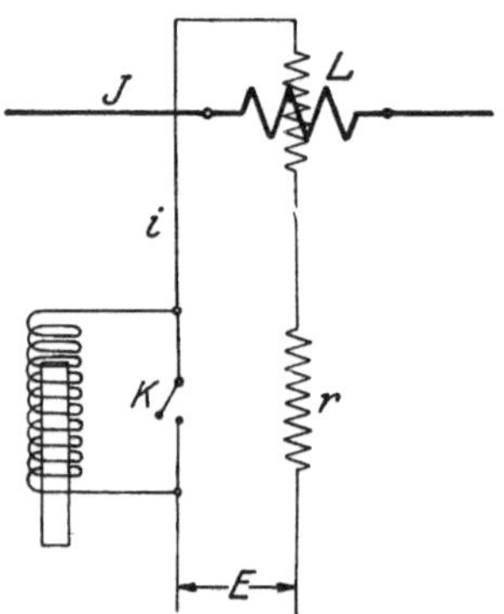

Abb. 34a. Selbstinduktionsspule zur Prüfung des Phasensinnes.

Windungszahl vor, deren Selbstinduktion man durch Einschieben eines Eisenkerns vergrößern kann. Durch Einschalten des Schalters k kann man die Spule kurzschließen und die normalen Verhältnisse beim Messen wiederherstellen. Eilt nun der Strom i in der Spannungsspule dem Strom J in der Hauptstromspule voraus, wie in Abb. 34b gezeichnet, so wird beim Einschieben des Eisenkerns in die Spule der Strom i nach i' wandern und die angezeigte Leistung wird zunehmen. Es darf dabei natürlich die Größe des Stromes i nicht wesentlich abnehmen. Ist dies zu befürchten, so muß man nicht die Spannung E, sondern den Strom i durch Nachregulieren konstant halten. Den Fall, daß die Spannung E und damit der Spannungsstrom i dem Hauptstrom J nacheilt, veranschaulicht Abb. 34c. Hier wird sich der Ausschlag des Leistungsmessers verkleinern, wenn man den Eisenkern in die Spule einschiebt. Je größer die Vor- oder Nacheilung ist, desto deutlicher wird die Änderung des Ausschlages werden. Verwendet man Leistungsmesser mit getrenntem Vorwiderstand, so kann man einen kleinen Telephonkondensator parallel zur Spannungsspule des Leistungsmessers legen. Wie man sich leicht klarmachen kann, wird beim Parallelschalten des Kondensators der Ausschlag des Leistungsmessers größer bei Nacheilung, kleiner bei Voreilung des Hauptstromes gegenüber der Spannung.

d) Polprüfer für Wechselstrom. Bei Wechselstrom muß man oft für richtige Ausführung der Schaltungen nicht nur die Phase, sondern auch den Richtungssinn von Strömen oder Spannungen im Vergleich zu anderen feststellen. Besonders häufig kommt dies vor, wenn man die Zähler über Strom- und Spannungswandler an das Netz anschließt. Bei manchen Leistungsmessern sind die Anschlußklemmen mit + und — bezeichnet, d. h. der Leistungsmesser zeigt nur dann positive Ausschläge, wenn in beiden Spulen die Ströme gleichgerichtet sind und gleichzeitig von der +- zur —-Klemme fließen oder umgekehrt. Mit

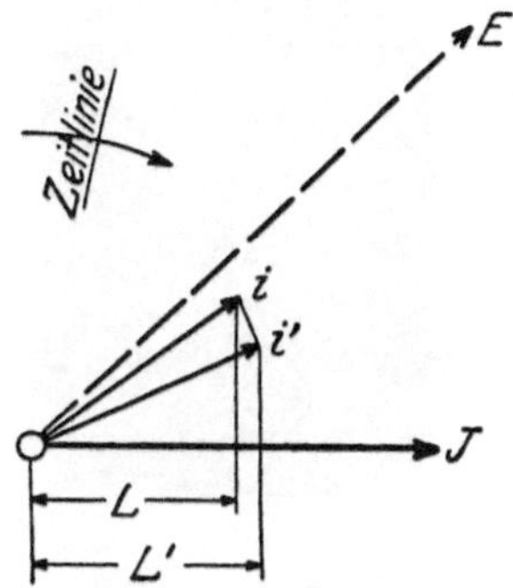

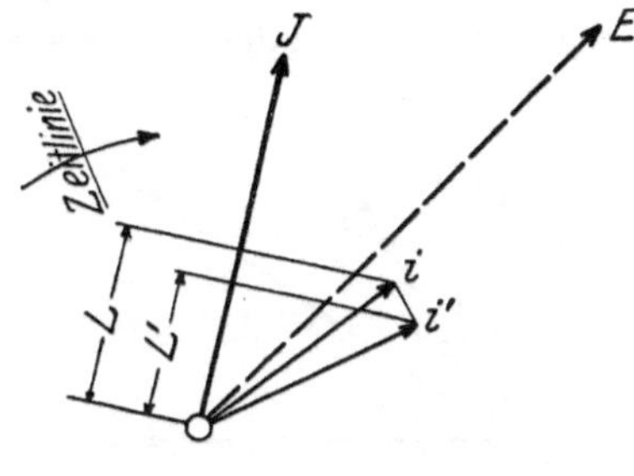

Abb. 34b. Induktive Belastung.   Abb. 34c. Kapazitive Belastung.

einem solchen Instrument kann man allerdings nur feststellen, ob die Ströme um mehr als $\pm 90^0$ gegeneinander verschoben sind. Will man noch wissen, ob die zu bestimmende Spannung gegenüber der Grundspannung vor- oder nacheilt, so muß man in den einen Kreis eine Spule veränderlicher Selbstinduktion nach Abb. 34 einschalten.

Da man aber meist den Richtungssinn zweier Spannungen gegeneinander feststellen will, so hat man Instrumente konstruiert, bei denen nicht nur die bewegliche, sondern auch die feste Spule als dünndrähtige Spannungsspule ausgeführt ist, so daß man an beide Spulen die beiden zu vergleichenden Spannungen anschließen kann. Die Weston-Instrument-Co. hat ein Instrument auf den Markt gebracht, welches $E_1 \cdot E_2 \cdot \sin \varphi$ anzeigt[1]) und als sogenanntes „Synchroskop" für das Parallelschalten von Wechselstromgeneratoren dienen soll. Es läßt sich ganz gut auch als Polprüfer verwenden. Sind die zu vergleichenden Spannungen gleich- oder gegenphasig, so zeigt das Instrument Null an. Sind beide Spannungen in der Phase gegeneinander verschoben, so erhält man

---

[1]) Heinrich, R. O.: ETZ 1912, S. 1147.

positive oder negative Ausschläge. Auch hier kann man nur mit Hilfe einer in den einen Kreis eingeschalteten veränderlichen Selbstinduktion (Spule mit Eisen nach Abb. 34) einwandfrei Voreilung oder Nacheilung bestimmen.

Der Polprüfer von A. Brückmann[1]) zeigt $E_1 \cdot E_2 \cdot \cos\varphi$ an, ist also ein Wattmeter mit zwei dünndrähtigen Spulen. Man kann den Richtungssinn deshalb genau so messen, wie mit dem normalen Wattmeter. Um aber mit dem Instrument ohne Zuhilfenahme einer veränderlichen Selbstinduktion die Phase genau feststellen zu können, ist die feste Spule in zwei Spulen zerlegt; an diese Spulen legt man zwei um 90^0 versetzte Spannungen E_{1r} und E_{1L}, die man durch Zerlegung der Grundspannung E_1 mittels einer besonderen Schaltung erhält, Abb. 35. Die Spannung E_2, deren Phase zu bestimmen ist, gibt dann nach dem folgenden Schema in

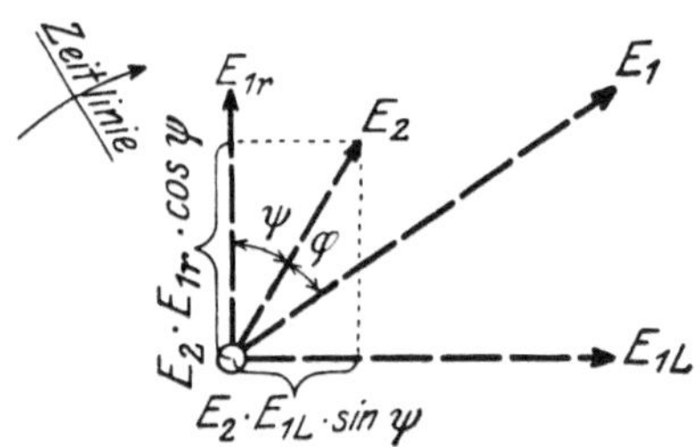

Abb. 35. Diagramm des Polprüfers nach Brückmann.

Abb. 36. Drehfeldrichtungsanzeiger von Siemens & Halske.

den verschiedenen Quadranten positive oder negative Werte, je nachdem man sie mit der Spannung E_{1r} oder E_{1L} zusammenwirken läßt; aus ihnen kann man die gesuchte Lage der Spannung E_2 zur Grundspannung E_1 in das Diagramm hineinzeichnen.

	Mit E_{1r}	mit E_{1L}
1. Quadrant	+	+
2. ,,	+	—
3. ,,	—	—
4. ,,	—	+

e) Drehfeldrichtungsanzeiger. Bei Drehstrom kommt außer der Richtung noch der Drehsinn bei eindeutigen Bestimmungen für die Anschlüsse in Frage. Ein einfacher Apparat ist der in Abb. 36 abgebildete[2]). Drei Eisenkerne tragen Wicklungen, an die die Spannungen E_a, E_b, E_c des zu messenden Drehstroms angeschlossen werden. Über

---

[1]) ETZ 1916, S. 219.　　　[2]) Vgl. Möllinger: ETZ 1900, S. 601.

den drei Eisenkernen kann sich eine Eisen-, Kupfer- oder Aluminiumscheibe, die mit einer Spitze auf einem Stahllager gelagert ist, leicht drehen. Werden die drei Wicklungen erregt, so dreht sich die Scheibe langsam in derselben Richtung, in der die Phasen der Spannungen E_a, E_b, E_c zeitlich aufeinander folgen.

Abb. 37. Drehfeldrichtungsanzeiger der Dr. Paul Meyer A.-G.

Der kleine, vollkommen eisengekapselte und gegen mechanische Erschütterungen unempfindliche Drehfeldrichtungsanzeiger der Dr. Paul Meyer A.-G., Abb. 37, beruht ebenfalls auf dem Drehfeldprinzip; jedoch ist hier die Kupferscheibe an drei dünnen Stahldrähten aufgehängt und kann sich nur um einen kleinen Winkel drehen. Erscheint unter einem Schauloch eine weiße Scheibe, so ist der Drehsinn richtig; ist der Drehsinn falsch, so erscheint unter einem zweiten Schauloch eine rote Scheibe. Das Schauloch für den richtigen Drehsinn trägt außerdem die Bezeichnung *RST*, das für den falschen die Bezeichnung *TSR*. Der Apparat zeigt schon bei 100 V. an und kann noch bei 400 V. einige Minuten lang eingeschaltet werden, ohne Schaden zu leiden.

Nach einem anderen Prinzip arbeitet der Schmidtsche Drehfeldrichtungsanzeiger, der in Abb. 38 nach der Ausführung der Allgemeinen Elektrizitäts-Gesellschaft dargestellt ist. Zwei Lampen sind mit einem Telephonkondensator in Stern geschaltet. Je nach dem Drehsinn des Drehfeldes verschiebt sich der Sternpunkt der Spannungen so, daß entweder nur die eine oder die andere Lampe aufleuchtet[1]). Dann wird entweder das mit „richtig" und *RST* oder das mit „falsch" und *TSR* bezeichnete Fenster beleuchtet. Für höhere und niedere Spannung ist je ein Druckknopf vorgesehen.

Abb. 38. Drehfeldrichtungsanzeiger nach Dr. R. Schmidt.

---

[1]) Elektrotechnische Umschau 1921, Heft 12, S. 186; A.E.G.-Mitteilungen 1923, Nr. 8, S. 239; vgl. auch Kartak: El. World, Bd. 77, S. 928, 1921 (Zusammenstellung verschiedener Methoden).

4. Hilfsschalter zum Sparen von Instrumenten.

a) Voltmeterersatzschalter. Bei Drehstrommessungen muß man drei gleiche Spannungsmesser haben, um die drei Phasenspannungen zu messen. Hat man nur einen Spannungsmesser zur Verfügung, so kann man mit einem Schalter auskommen, dessen Anordnung schematisch in Abb. 39 dargestellt ist. Die drei Leitungen werden an die Klemmen a, b, c angeschlossen, die mit den Kontakten a, b, c verbunden sind. An die Kontakte d, e, f legt man in Dreieckschaltung den Spannungsmesser V und die Widerstände r_1 und r_2, die möglichst genau gleich dem Widerstand des Spannungsmessers sind. Drei Kontaktfedern 1, 2, 3 sind durch eine isolierende Brücke B miteinander verbunden; diese kann mit den Kontaktfedern in verschiedene Stellungen gebracht werden, so daß der Spannungsmesser die Spannungen ab, bc und ca nacheinander mißt, in der gezeichneten Stellung z. B. die Spannung ab.

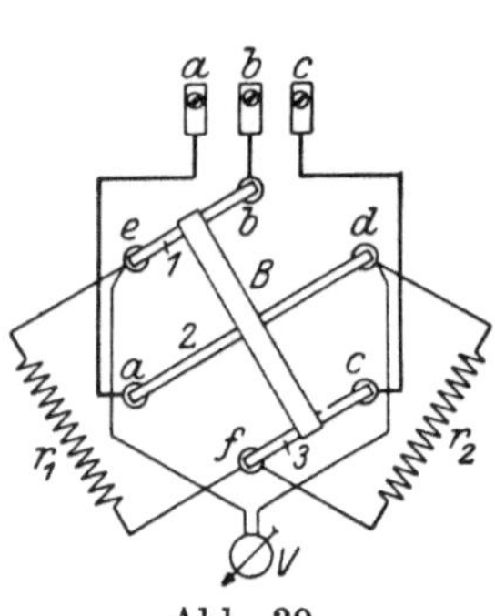

Abb. 39.
Voltmeterersatzschalter.

Dabei sind in jeder Stellung des Schalters alle drei Phasen gleich belastet.

b) Wattmeterumschalter für Messung von Drehstromleistungen nach der Zweiwattmetermethode. Bei Drehstrommessungen nach der Zweiwattmetermethode (S. 83) kann man mit einem Leistungsmesser auskommen, wenn man den Wattmeterumschalter von Siemens & Halske, Abb. 40, benutzt. An die Schaltmesser legt man die Hauptstromspule des Leistungsmessers, die linken Kontaktfedern schaltet man in die eine Phase, die rechten in die andere ein. In der Mittelstellung der Schaltmesser sind sowohl die

Abb. 40. Wattmeterersatzschalter
von Siemens & Halske.

linken als auch die rechten Kontaktfedern durch Kurzschließer geschlossen, die sich erst dann aus den Kontakten entfernen, wenn die Schaltmesser in diese eingreifen und die Hauptstromspule in die entsprechende Leitung einschalten. Ebenso schließt sich der Kurzschließer automatisch, bevor sich die Schaltmesser aus ihren Kontakten entfernen. Beim Umschalten des Leistungsmessers von einer Phase in die andere werden also die Leitungen nicht unterbrochen; auch kann man den Leistungsmesser ohne Störung des Betriebes auswechseln. Bei direkter Belastung durch das Netz kann man die

Spannungsspule an das eine Schaltmesser legen und mit der Hauptstromspule umschalten, solange $\cos \varphi < 0{,}5$ ist; bei $\cos \varphi > 0{,}5$ und
bei indirekter Belastung (Sparschaltung) muß man einen besonderen
Spannungsumschalter vorsehen.

IV. Einrichtungen zur Bestimmung der Angaben.

Wie wir oben S. 10 sahen, eicht man die Zähler mit Ausnahme
der elektrolytischen und Pendelzähler meist so, daß man während einer
verhältnismäßig kurzen Zeit (etwa einer Minute) die Leistung im
Netz konstant hält und die Umdrehungen des Zählerankers während
dieser Zeit bestimmt. Man braucht im allgemeinen zwei Beobachter:
Einen, der die Leistung durch Regulierung der Spannung oder des
Stromes (oder beider) konstant hält, und einen zweiten, der die Umdrehungen des Ankers zählt und die Zeit mißt, während welcher eine
bestimmte Anzahl von Umdrehungen gezählt wurde. Im folgenden
wollen wir die Apparate und Methoden betrachten, die der zweite
Beobachter zur Ausführung seiner Tätigkeit braucht oder die seine
Tätigkeit teilweise oder ganz ersetzen.

1. Doppelzeitschreiber oder Chronograph.

Der Doppelzeitschreiber wird bei allen möglichen Arten von
Präzisionsmessungen benutzt. Eine einfache Ausführung der Firma
Siemens & Halske zeigt Abb. 41. Ein Papierstreifen wird wie beim

Abb. 41. Doppelzeitschreiber von Siemens & Halske.

Telegraphenapparat mit einer gewissen Geschwindigkeit über zwei
Schreibstiften bewegt. Der eine der beiden Schreibstifte wird elektro-
magnetisch vermittels einer Pendeluhr mit Sekundenkontakt jede
Sekunde gegen den ablaufenden Streifen gedrückt und hinterläßt auf
ihm eine Marke. Der zweite wird durch einen Elektromagnet betätigt,
dessen Stromkreis man mit einem Taster jedesmal dann schließt, wenn
eine auf der Bremsscheibe des Zählers angebrachte Marke an einer festen
Marke vorbeigeht (vorbeihuscht). Bei jeder Umdrehung wird so eine
Marke auf den Streifen gedrückt. Diese Marken liegen neben den Sekundenmarken. Zu jeder Umdrehungsmarke kann man also die zuge-
hörende Zeitmarke ablesen und so die Umdrehungen pro Sekunde bestimmen.

Die Doppelzeitschreiber haben in neuerer Zeit Verbesserungen
am Schreibwerk erfahren, wodurch eine genaue Ablesung sehr erleichtert wird. Besonders bewährt haben sich Schreibwerke, die einen
fortlaufenden Farbstrich auf das Papier zeichnen, der bei jedesmaliger
Betätigung des Elektromagnets durch eine Zacke unterbrochen wird.
Ein großer Nachteil des Doppelzeitschreibers ist darin zu erblicken,
daß nach der Arbeit des Messens noch die Arbeit des Auszählens der
Streifen folgt[1]). Diese Arbeit nimmt meist so viel Zeit in Anspruch,
daß für technische Messungen der Doppelzeitschreiber nicht in Frage
kommt.

2. Stoppuhr.

In der Stoppuhr mit von $^2/_{10}$ zu $^2/_{10}$ Sekunden springendem Zeiger
und Nullstellung hat man ein sehr brauchbares Mittel zur Zeitbestim-
mung mit direkter Ablesung. Mit Recht können allerdings gegen
die subjektiven Fehler, die beim Abstoppen sehr leicht vorkommen,
Einwände gemacht werden. Da aber der subjektive Fehler beim Einschalten dem beim Arretieren gleichen wird, so kann man mit einer
Meßgenauigkeit von $\pm$ 0,2 Sekunden rechnen, wenn mehrere ge-
übte Beobachter die gleiche Messung machen. Da man von der Güte
der Uhr sehr abhängig ist, soll man sich nur erstklassige Fabrikate
anschaffen. Man muß u. a. darauf achten, daß der Zeiger nicht exzen-
trisch gelagert ist, da auch kleine Abweichungen von der zentrischen
Lage erhebliche Fehler hervorrufen können. Von Uhren mit zwei
Arretierzeigern muß außer für Spezialfälle abgeraten werden, da diese
immer zu Komplikationen Anlaß geben und meist häufigere Repara-
turen notwendig machen.

Die Umdrehungen beobachtet man genau so, wie beim Arbeiten
mit dem Doppelzeitschreiber, am Vorbeigehen einer Marke der

---

[1]) Gewecke und v. Krukowski benutzen als Hilfsmittel zur Auswertung
der Streifen eine mit strahlenförmiger Teilung versehene Glasplatte; ETZ 1918,
S. 356.

Scheibe an einer festen Marke. Beobachtungsfehler sind dabei nicht ausgeschlossen. Denn die Zeit, die vom Durchgang der Marke bis zum Abknipsen der Stoppuhr vergeht, ist von dem Beobachter abhängig. Dieser subjektive Fehler gleicht sich aber dadurch aus, daß er beim Beginn der Messung und an deren Ende gleich groß ist. Die Beobachtung mit Stoppuhr wird demnach derjenigen mit Doppelzeitschreiber an Genauigkeit kaum nachstehen. Die Beobachtungszeit wählt man meist etwa 1 Minute lang mit Ausnahme von der Messung sehr kleiner Belastungen, wo man entsprechend längere Zeiten nimmt. Macht man bei 1 min = 60 sek einen Beobachtungsfehler von ± 0,2 sek, so ist dies gleichbedeutend mit einem prozentualen Fehler von ± 0,33%. Dies ist also die erreichbare Meßgenauigkeit.

Frei von den Fehlern der üblichen Stoppuhren ist die Anordnung von Kartak[1].) Der Anker der Uhr wird von einem polarisierten Relais bewegt, das durch eine dauernd in Schwingung gehaltene Stimmgabel geschaltet wird. Die Stimmgabel kann genau abgestimmt werden, z. B. auf 20 volle Schwingungen in der Sekunde. Beim Beginn der Messung wird der Stromkreis des polarisierten Relais geschlossen, beim Ende der Messung geöffnet. Man ist also nur noch vom Ablesefehler beim Vorübergehen der beweglichen an der festen Marke abhängig, nicht aber von der Ungenauigkeit der Uhr.

3. Meßskala für Eichräume.

Die Konstante und den Fehler muß man natürlich von Fall zu Fall berechnen, wobei man sich die Arbeit durch Aufstellung geeigneter Tabellen vereinfachen kann. Ein Hilfsmittel, das man für die Einstellung der Zähler in Eichstationen besonders gut verwenden kann, ist eine Skala nach Abb. 42, bei der man die Messung etwas anders vornehmen muß als bisher beschrieben. Man berechnet sich die Zeit, die der richtig zeigende Zähler braucht, um bei einer gewissen Belastung die gewählte volle Anzahl Umdrehungen zurückzulegen. Dann schaltet man den Zähler (Hauptstrom- und Spannungskreis) genau so lange Zeit ein, wie man berechnet hat. Hat man die Marke der Scheibe vorm Einschalten auf Null eingestellt, so mißt man

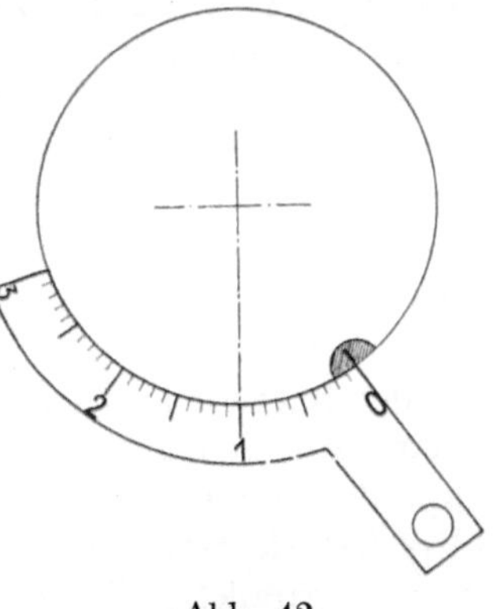

Abb. 42.
Meßskala für Eichräume.

nach dem Ausschalten den Betrag am Umfang der Scheibe, um den die Marke den Sollwert des Weges des Ankerumfanges ($\pi \times$ Scheibendurch-

---

[1]) Accurate timing in electrical tests, El. World, Vol. 73, 1919, S. 672.

messer × gewählte volle Umdrehungen) über- oder unterschritten hat, mit einer dem Scheibenumfang angepaßten Skala, die man nach Art der Abb. 42 anlegt. Dieser Betrag, auf den Sollwert des Weges bezogen, ist gleich dem prozentualen Plus- oder Minusfehler. Die Skala kann man für Masseneichungen mit Teilstrichen versehen, an denen der prozentuale Fehler direkt abgelesen werden kann.

Dieses Verfahren kann man noch vereinfachen, wenn man die zu prüfenden Zähler mit einem Normalzähler hintereinander schaltet. Die Marken der Bremsscheiben des Normalzählers und der zu eichenden Zähler stellt man auf Null. Nun schaltet man die gewünschte Belastung ein, wobei es nicht auf absolute Genauigkeit ankommt, zählt eine vorher bestimmte Anzahl von Umdrehungen und schaltet die Spannung ab, kurz bevor die Marke auf der Scheibe des Normalzählers ihre Nullstellung erreicht hat. Steht jetzt die Marke noch nicht genau auf Null, so schaltet man die Spannung kurzzeitig ein und holt so die Marke in ihre genaue Nullstellung. Nun schaltet man auch den Hauptstrom ab und mißt mit der Meßskala nach Abb. 42 die Beträge, um die die Marken der zu eichenden Zähler die Nullstellung über- oder unterschritten haben. Ist die Teilung der Meßskala mit dem Weg des Scheibenumfangs des Normalzählers richtig abgeglichen, so kann man den Fehler direkt in Prozenten des wirklichen Verbrauchs ablesen.

4. Automatische Zählvorrichtungen.

Es liegt nahe, zur Bestimmung der Umdrehungen von Zählern selbsttätige Einrichtungen zu verwenden. Es ist jedoch nicht einfach, derartige Vorrichtungen zum praktischen Gebrauch verwendbar zu machen, ohne an dem Zähler besondere Änderungen vornehmen zu müssen. Im folgenden sollen einige Anordnungen beschrieben werden, durch die die Aufgabe mehr oder weniger zufriedenstellend gelöst worden ist.

a) Optische Methode mit Selenzelle. In den Jahren 1909 und 1910 hat der Verfasser in der Physikalisch-Technischen Reichsanstalt Versuche der folgenden Art gemacht. Ein kleiner Planspiegel, bestehend aus einem einige Zehntel Gramm wiegenden einseitig versilberten Deckplättchen aus Glas, wurde auf der Fläche der Bremsscheibe des Zählers festgekittet. Ein von einer Nernstlampe erzeugtes und durch eine Linse parallel gerichtetes Strahlenbündel wurde von dem Spiegel bei jeder Umdrehung einmal auf eine Selenzelle[1] reflektiert. Die Änderung der Stromstärke in der Selenzelle infolge ihrer Widerstandsänderung wurde durch eine Brückenschaltung vergrößert. Durch ein Zwischenrelais, das aus einem Drehspulinstrument bestand, dessen

---

[1] Diese hatte Herr Prof. Glatzel seinerzeit zur Verfügung gestellt.

Drehspule eine sehr hohe Windungszahl hatte[1]), wurde ein Doppelzeit-schreiber betätigt. Die Versuche zeitigten ein recht gutes Ergebnis, konnten aber nicht zu Ende geführt werden.

Unabhängig davon haben Gewecke und v. Krukowski dieses Verfahren ausgebildet[2]). Ihre Anordnung ist in Abb. 43 dargestellt. Der Spiegel s sitzt auf der Achse des Zählerankers, die Selenzelle z bildet einen Zweig einer Brückenschaltung. Die eine Drehspule des Doppelzeitschreibers d liegt ohne Zwischenrelais an der Stelle der Brücke, wo sonst das Galvanometer angeschlossen wird. Die andere Drehspule des Doppelzeitschreibers wird von einer Sekundenuhr betätigt. Die Verfasser geben die Meßgenauigkeit mit 0,01 s. an. Bei nur 10 s. Ablesezeit würde dies einer Meßgenauigkeit von 0,1 % entsprechen.

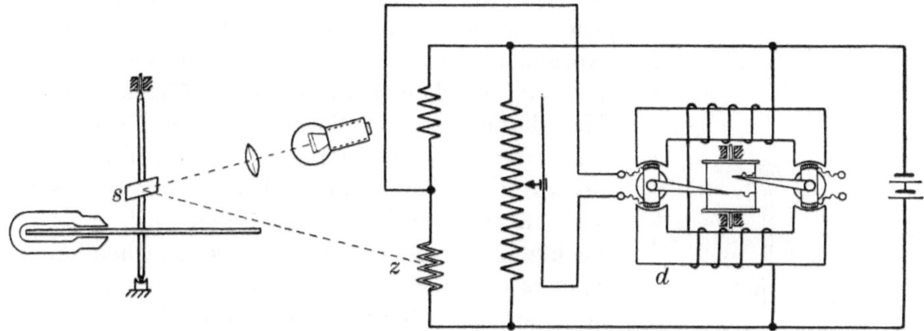

Abb. 43. Umdrehungszählvorrichtung mit optischer Übertragung und Selenzelle.

Die optische Zählvorrichtung hat den Vorzug, daß man nach Aufbringen des Spiegels die Kappe wieder aufsetzen kann, ohne eine Leitung durch sie hindurchführen zu müssen. Der Spiegel muß nur so angebracht werden, daß der Lichtstrahl durch das Fenster der Kappe ein- und austreten kann. Der Spiegel ist so leicht, daß er das Gewicht des Ankers nur um einige Promille vermehrt und auf die Angaben nicht den geringsten Einfluß hat. Als Nachteil muß die Verwendung einer Selenzelle angesehen werden. Diese Zellen lassen sich schwer so herstellen, daß sie mit der Zeit an Empfindlichkeit nicht nachlassen. Nur wenn man sie ab und zu erneuert, wird man zufriedenstellend arbeiten können.

b) Stroboskopische Synchronisierung. Ohne irgendwelche besondere Vorrichtungen am Zähler anzubringen, kann man schwer eine Synchronisierung zwischen dem zu messenden Zähler und einer Normal-

---

[1]) Die Firma Siemens & Halske stellte dieses Instrument her und überließ es der P.T.R.

[2]) ETZ 1918, S. 356. Die Vorrichtung soll später von der Firma Siemens & Halske angefertigt werden.

vorrichtung (Normalelektrizitätszähler oder Normaltourenzähler) herbeiführen. Blathy[1]) hat die Anordnung nach Abb. 44 angegeben. Die Scheibe des Normalapparates hat eine Reihe von Löchern L am Umfang, die Scheibe des zu messenden Apparates eine gleiche Anzahl Löcher

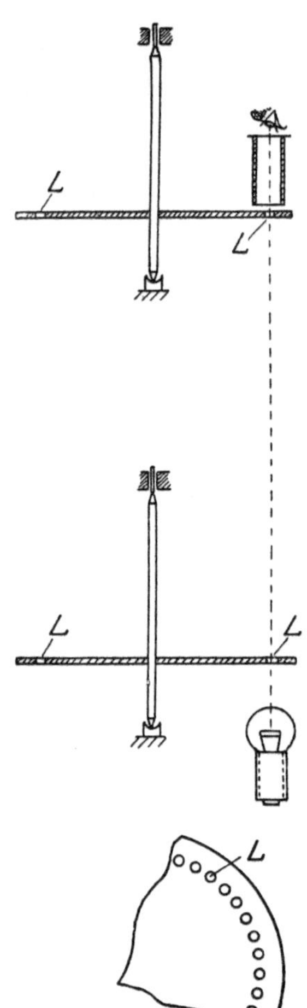

Abb. 44. Umdrehungszählvorrichtung durch optische Synchronisierung.

oder auch weißer Punkte, die man von einer Lichtquelle aus hell beleuchtet. Beide Apparate ordnet man gleichachsig übereinander an. Durch die Löcher des Normalapparates beobachtet man nun die Löcher oder die Punkte auf dem Anker des zu messenden Apparats. Sie scheinen in der Drehrichtung oder ihr entgegen zu wandern, je nachdem, ob der Anker des zu messenden Apparats schneller oder langsamer läuft, als der des Normalapparates. Ist Synchronismus vorhanden, so scheinen die Punkte stillzustehen. Man kann also die Tourenzahl des Normalapparates so lange ändern, bis sie mit der des zu messenden Zählers übereinstimmt. Die Vorrichtung kann man natürlich auch dazu benutzen, um die Tourenzahl des zu eichenden Zählers durch Regulierung des Bremsmagnets oder anderer Vorrichtungen auf die eingestellte des Normalapparates zu bringen. Ein Vorteil des Apparats ist die bequeme Einstellung, nachteilig ist dagegen der Umstand, daß man an dem Zähleranker besondere Löcher oder Punkte anbringen muß und außerdem ein oder mehrere besondere Fenster in der Kappe braucht, wenn man mit dieser messen will.

Blathy hat noch eine andere stroboskopische Methode angegeben[2]). Sie besteht darin, daß die mit einem Kranz beliebiger Zeichen versehenen Scheibenanker der Zähler durch eine wenig träge Metallfadenlampe oder eine Glimmlampe beleuchtet werden; diese wird mit einem Wechselstrom bekannter Frequenz gespeist. Ist die Frequenz des Wechselstroms und damit der Lichtschwankungen gleich den Scheibenumdrehungen oder einem Vielfachen derselben, so scheint die Scheibe stillzustehen. Ist kein Synchronismus

---

[1]) Österreich. Patentschrift 75633/21e vom 25. 2. 1919. (Angemeldet 9. 4. 1914.) ETZ 1922, S. 1507.
[2]) D.R.P. 359220, 23. April 1920.

vorhanden, so bewegt sich die Scheibe scheinbar nach der einen oder anderen Richtung.

c) Überspringender Funken. Eine Anordnung, bei der ein von einer feststehenden Spitze zu einer mit dem Zähleranker umlaufenden Spitze überspringender Funken die Betätigung eines Relais einleitet, ist in Abb. 45 gezeichnet. Sie ist von G. Thompson[1]) angegeben und hat nach seinen Angaben gut gearbeitet. Die Hochspannungswicklung H eines Transformators (10000 V. bei Thompson, 3000 V. bei Fitch und Huber) ist mit einem Pol über das Zählwerk Z an die

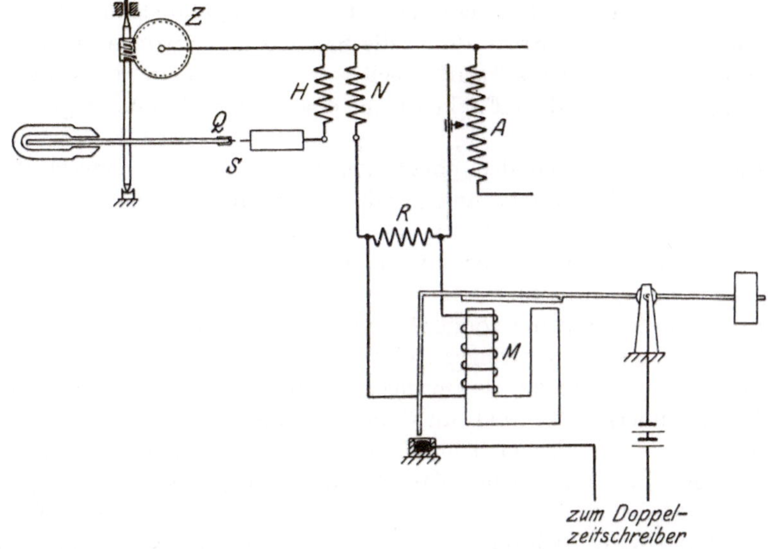

Abb. 45. Umdrehungszählvorrichtung mit überspringendem Funken.

Zählerachse angeschlossen, der andere Pol ist in einem stark isolierten Halter angebracht und läuft in eine Spitze S aus. Auf die Bremsscheibe ist ein leichter, gleichfalls mit einer Spitze versehener Reiter Q aufgesetzt. Bei jeder Umdrehung der Scheibe springt ein Funken zwischen der Spitze S und dem Reiter Q über, und es ändert sich in diesem Moment der Strom in der Niederspannungswicklung N des Transformators. In dem Kreise der Niederspannungswicklung, dessen Spannung durch einen Autotransformator A eingestellt werden kann, liegt der Widerstand R, von dem die Magnetwicklung M eines Wechselstromrelais abgezweigt ist. Das Relais betätigt den Stromkreis des einen Magnets eines Doppelzeitschreibers.

---

[1]) El. World, Bd. 61, 1913, S. 246. (ETZ 1913, S. 722.) Unabhängig kamen Fitch und Huber auf die gleiche Anordnung, vgl. Bulletin Bureau of Standards, Vol. 10, 1913, S. 174.

Der Umstand, daß der Funken nicht immer genau in der gleichen relativen Stellung zwischen Spitze S und Reiter Q überspringt, sondern leicht etwas früher oder später, kann nach den Angaben von Thompson nur bei weniger als drei Umdrehungen in der Minute mehr als $0,1\,^0/_0$ Fehler hervorrufen. Die Beschleunigung der Scheibe durch elektrostatische Anziehung beim Nähern des Reiters gegen die Nadel wird vollständig aufgehoben durch die Verzögerung bei der Entfernung beider. Benutzt man für den Funkenstrom die gleiche Frequenz wie für den Zählerstrom, so kann der durch die Scheibe gehende Funkenstrom mit den Zählerfeldern ein positives oder negatives Drehmoment ergeben. Man muß deshalb darauf achten, daß die Spitze S so angebracht ist, daß der Funkenstrom an einer Stelle durch die Scheibe geht, wo sie nicht von Wechselfeldern durchsetzt wird. Sicher vermeidet man die störende Wirkung, wenn man dem Funkenstrom eine andere Frequenz gibt als dem Zählerstrom.

Die Vorrichtung hat den Vorzug der Einfachheit und Zuverlässigkeit. Aber es wird immer unangenehm sein, mit Hochspannung zu arbeiten, wenn auch die Leistung des Transformators so klein ist, daß der Strom bei Kurzschluß nur etwa 0,008 A. werden kann. Mit Kappe kann man aber wohl kaum die Eichung vornehmen, ohne eine besondere Hochspannungseinführung vorzusehen; denn man kann den Zuleitungsdraht nicht einfach mit geringer Isolation unterklemmen, weil der Funken dann an dieser Stelle überspringen würde, anstatt an dem Reiter.

d) Mechanischer Kontakt mit Reibungskompensation. Es erscheint absurd, einen mechanischen Kontakt an der Bremsscheibe des Zählers anzubringen. Bei allen solchen Zählern, die einen permanenten Magnet haben — und das sind die meisten —, hat man es jedoch in der Hand, die Kontaktreibung dadurch zu kompensieren, daß man den Kontaktstrom unter dem Bremsmagnet so hindurchleitet, daß sich ein treibendes Drehmoment ergibt, das das Moment der Kontaktreibung gerade aufhebt. Abb. 46 zeigt eine von F. Estel angegebene Anordnung[1]).

Auf der Zählerscheibe Z, die über das Zählwerk mit einem Pol einer Gleichstrombatterie verbunden ist, sitzt ein Reiter R; dessen Spitze berührt bei jedesmaliger Umdrehung der Scheibe die Quecksilberkuppe Q, die über ein Relais an den anderen Pol angeschlossen ist. Der durch die Scheibe fließende Strom i ergibt bei richtigem Anschluß mit dem Fluß $\varPhi$ des permanenten Magnets ein vorwärtstreibendes Drehmoment, das sein Maximum erreicht, wenn die Quecksilberkuppe an der mit ausgezogenen Linien gezeichneten Stelle steht. Rückt man sie in die mit punktierten Linien gezeichnete Lage, so wird der Stromfaden nur mit einem Teil des Flusses in Verbindung treten und also ein kleineres Drehmoment ergeben. Durch Verstellen des Kon-

---

[1]) D.R.P. 298753; ETZ 1920, S. 269.

taktes hat man es in der Hand, die Kontaktreibung ganz genau zu kompensieren. Je kleiner das Zählerdrehmoment ist, desto genauer muß man die Einstellung vornehmen. Da aber der Kontakt nur auf einem Bruchteil des Ankerumfangs erfolgt, so geht seine Reibung nur mit diesem Bruchteil in die Rechnung ein.

Bei einem Durchmesser der Scheibe von 100 mm beträgt das Reibungsmoment des Kontakts etwa 0,3 cmg. Die Breite des Kontakts sei 5 mm, d. h. etwa $1/63$ des Scheibenumfangs. Es sei angenommen, man habe das Reibungsmoment bis auf 0,015 cmg ($= 5\%$) genau kompensiert, wie dies leicht möglich ist. Der Zähler laufe mit nur 2% der Nennlast; er entwickelt dabei unter Annahme eines Vollastdrehmoments von 6 cmg ein Drehmoment von 0,12 cmg. Dann ist der Meßfehler infolge der nicht vollkommen kompensierten Reibung

$$F = {}^1/_{63} \cdot \frac{0,015}{0,12} \cdot 100 = 0,2\%.$$

Bei so kleinen Belastungen ist ein derartiger Meßfehler ohne Bedenken zu dulden.

An Stelle des Quecksilbernapfes kann man auch eine Bürste verwenden. Man vermeidet dadurch den Einfluß von Quecksilberdämpfen auf die Organe des Zählers. Ein solcher Bürstenkontakt ist schematisch ebenfalls in Abb. 46 dargestellt. Die Zuleitungsdrähte kann man, da sie nur sehr niedrige Spannungen führen, ohne Bedenken zwischen

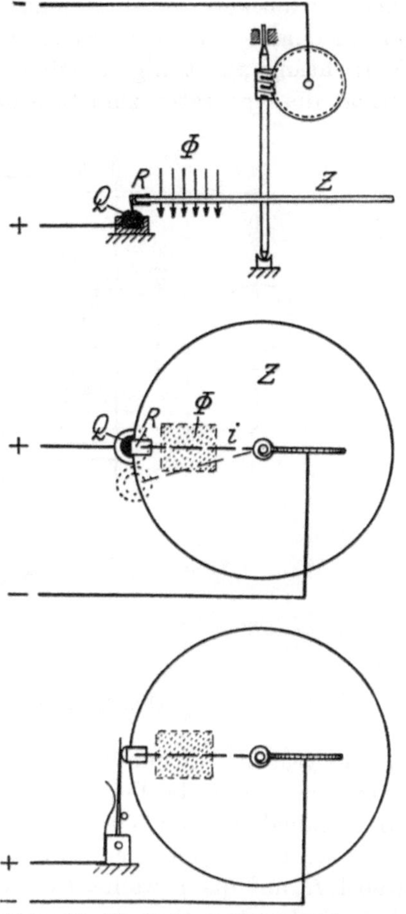

Abb. 46. Umdrehungszählvorrichtung mit mechanischem Kontakt.

Gehäuse und Kappe einklemmen, so daß man auch mit aufgesetzter Kappe eichen kann. Nachdem man die Kappe aufgesetzt hat, kann man die Kompensation durch Änderung des Kontaktstromes i genau einstellen. Die Kontakteinrichtung kann natürlich ebenso wie die oben beschriebenen auf einen Doppelzeitschreiber arbeiten.

e) Mechanische Zählung der Umdrehungen und Betätigung der Stoppuhr. Estel hat nun in Verbindung mit dem mechanischen Kontakt eine Zählvorrichtung ausgearbeitet, die einen bedeutenden Fortschritt gegenüber allen anderen darstellt und die die Person vollkommen ersetzt, welche sonst das Zählen der Umdrehungen und das Abstoppen der Uhr ausführen muß. Dieser „automatische Eicher", wie man den Apparat nennen könnte, ist in Abb. 47 schematisch dargestellt. An einem Klinkwerk K stellt man die gewünschte Anzahl der Ankerumdrehungen ein; nach Einlegen des Schalters S arbeitet dann die Vorrichtung selbsttätig, schaltet die Stoppuhr St ein und aus und bringt die Apparatur zum Stillstand, wenn die Messung beendet ist.

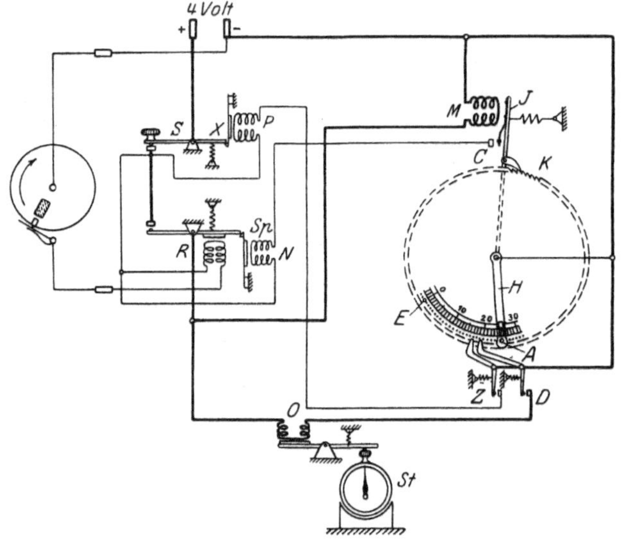

Abb. 47. Automatischer Eicher.

Die eingestellten Umdrehungen und die abgestoppte Zeit brauchen dann nur noch in die Berechnung für den Fehler eingesetzt zu werden. Die Handhabung und Wirkungsweise sei im folgenden kurz geschildert: Man stellt den um den Mittelpunkt der Klinkscheibe drehbaren Hebel H auf die gewollte Umdrehungszahl ein, indem man den an ihm angebrachten Stift A in eines der in der Klinkscheibe befindlichen Löcher einschnappen läßt, dessen Nummer man an der zugehörenden Skala ablesen kann. Sodann dreht man von Hand die Klinkscheibe so weit, daß der beim Nullpunkt der Skala fest angebrachte Stift E kurz vor die Nase des Schalters D zu stehen kommt. Dann leitet man die eigentliche Messung durch Niederdrücken des Schalters S ein und braucht sich nun nicht mehr um den Zählapparat zu bekümmern, sondern kann seine ganze Aufmerksamkeit den zur Messung der Leistung, des Stromes und der Spannung dienenden Apparaten widmen. Der Vorgang spielt sich nun selbsttätig so ab: Beim Niederdrücken des

Schalters S schnappt eine Sperrklinke X ein und hält ihn in der Einschaltstellung fest. Der Kontakt am Zähler schließt bei jeder Umdrehung des Ankers mit Hilfe eines Relais R den Stromkreis des Magnets M, der das Klinkwerk betätigt. Damit bei schnellaufendem Zähler der Stromschluß nicht so kurz ist, daß die Masse des Klinkwerks nicht beschleunigt werden kann, wird der Schalter des Relais R durch eine Sperrklinke Sp so lange festgehalten, bis der Anker J des Klinkwerks seinen Hub vollendet hat und vermittels des Kontaktes C und des Magnets N die Sperrklinke Sp auslöst. Bei jeder Klinkung wird das Klinkrad um einen Zahn, also auch um einen Teilstrich der Skala vorwärts bewegt. Zuerst berührt der Stift E die Nase des Schalters D und schaltet vermittels des starken Elektromagnets O die Stoppuhr St ein. Der Stift E ist so kurz, daß er die Nase des Schalters Z, die aus der Bildebene heraus höher liegt, als die des Schalters D, beim Weiterbewegen des Klinkwerks nicht berührt. Nachdem die mit dem Hebel H eingestellte Anzahl von Ankerumdrehungen und also auch Klinkungen ausgeführt sind, berührt der Stift A die Nase des Schalters D und schaltet die Stoppuhr ab. Bei der nächsten Klinkung berührt der gleiche Stift A, der länger ist als der Stift E, auch die Nase des Schalters Z und löst mittels des Magnets P die Sperrung X des Hauptschalters S; die gesamte Zählvorrichtung ist dann stromlos. Durch das Geräusch beim Herausschnappen des Schalters S aus seiner Sperrklinke wird dem Beobachter zugleich das Ende der Messung angezeigt. Man kann natürlich mit dem Schalter Z auch ein Klingelsignal verbinden.

Der Apparat kann mit jeder der Kontaktvorrichtungen, die unter a, c und d beschrieben sind, verbunden werden. Der größte Vorzug der Vorrichtung ist darin zu erblicken, daß man vollständig objektive, von allen persönlichen Einflüssen unabhängige Resultate erhält, ohne wie bei anderen Methoden viel Zeit und Mühe zum Auszählen des Papierstreifens des Doppelzeitschreibers verwenden zu müssen. Die Fehler der Stoppuhr muß man in Kauf nehmen oder besser dafür sorgen, daß man eine möglichst gute Stoppuhr benutzt.

V. Eichzähler, Registrierinstrumente und vereinfachte Eichverfahren.

In solchen Fällen, wo es nicht auf sehr große Genauigkeit bei der Bestimmung des Fehlers ankommt, kann man die Angaben der zu eichenden Zähler mit denen eines besonders gut eingestellten Zählers vergleichen, dessen Abweichungen vom Sollwert genau bekannt sind. Bei Prüfungen in der Installation ist dieses Verfahren sehr bequem und erfordert keine ausgebildeten Kräfte. Die transportablen Normal- oder Eichzähler haben zumeist ein besonderes Zeigerwerk, an dem man auch kleine Leistungen noch verhältnismäßig genau ablesen kann. In Abb. 48, die einen Eichzähler der Firma H. Aron nach dem Pendelprinzip darstellt, ist der Zeiger mit der genauen Teilung auf der rechten Seite des Zifferblattes zu sehen. Bei dem durch Abb. 49 wiedergegebenen Eichzähler mit rotierendem Anker der Isaria-Zählerwerke liegt das Zeigerzählwerk in dem oben sichtbaren runden Fenster. Es zeigt nicht Kilowattstunden, sondern direkt die Umdrehungen des Ankers an. Beim Beginn der Messung wird es durch Druck auf einen Knopf mit dem

Abb. 48. Eichzähler der H. Aron Elektrizitätsgesellschaft.

dauernd laufenden Zähler gekuppelt, am Endé der Messung ebenso wieder entkuppelt. Nach Beendigung der Messung können die Zeiger durch Drehung eines Knopfes auf Null zurückgeführt werden. Die Isaria-Zählerwerke stellen solche Zähler für Einphasenwechselstrom, für Drehstrom und für Gleichstrom her. Sie sind meist für verschiedene der gebräuchlichsten Meßbereiche umschaltbar eingerichtet und mit bequem zugänglichen Anschlußklemmen versehen.

Einen ähnlichen Eichzähler stellen auch die Siemens-Schuckert-Werke her. Die ganzen Umdrehungen kann man an einem horizontalen Zeigerzählwerk ablesen, Bruchteile an der mit einer Teilung versehenen Ankerscheibe. Mit einem Druckknopffernschalter, den man an einen beliebigen, dem Beobachter bequemen Platz bringen kann, wird der Eichzähler in Gang gesetzt und angehalten. Die Eichzähler werden

ausgeführt für Wechselstrom mit den Meßbereichen 2,5/5 und 10/20 A.
für Drei- und Vierleiterdrehstrom mit den Meßbereichen 5/10 A.
und 5/30 A. und einem Spannungsmeßbereich.

Will man das Verhalten von Elektrizitätszählern unter besonderen Betriebsverhältnissen und auf längere Dauer beobachten, so
wendet man in besonderen Fällen auch Registrierinstrumente zur
Eichung an. Die Auswertung der Papierstreifen solcher Instrumente
ist aber so zeitraubend und auch ungenau, daß man sie meist nur zur
Kontrolle der Betriebsverhältnisse
benutzen wird, während man
zur Eichung einen Eichzähler verwendet.

Ein vereinfachtes Eichverfahren haben die Bergmann-
Elektricitäts-Werke ausgearbeitet.
Ohne daß an der Installation etwas
geändert zu werden braucht, wird
der Zähler mit einem genau abgeglichenen Stufenwiderstand r an
Stelle der Installation belastet.
Die Spannung E an den Enden
des Widerstands r wird mit einem
tragbaren Präzisionsspannungsmesser gemessen. Bei induktionsfreier Belastung kann man die
Umdrehungen pro Kilowattstunde
nach I 4 b, S. 11 schreiben

$$a = \frac{1000 \cdot 3600 \cdot m}{E \cdot J \cdot t_s}.$$

Abb. 49. Eichzähler der
Isaria-Zählerwerke.

Ist r der eingestellte Wert des
Belastungswiderstands, so wird $J = \dfrac{E}{r}$ und die Sollzeit für die Sollumdrehungen m wird

$$t_s = \frac{1000 \cdot 3600 \cdot m \cdot r}{E^2 \cdot a}.$$

Auf dem Zifferblatt der Uhr, mit der man die Hatzeit t_H feststellt,
ist eine mit der Sekundenteilung konzentrische Skala mit einer Teilung
für die Spannungen E angebracht, so daß man die zu verschiedenen
Spannungen gehörenden Sollzeiten ablesen kann. Der Fehler berechnet sich (vgl. oben) zu $F = \dfrac{t_s - t_H}{t_H}$. Eine Kurvenschar für die Fehler
auf einem Blatt, dessen Abszisse die Zeitdifferenz $t_s - t_H$ und dessen
Ordinate die gezählte Hatzeit t_H darstellt, erleichtert die Berechnung.

Weitere Hilfsmittel und Tabellen für die Bestimmung der Sollumdrehungen sind in der von den Bergmann-Elektricitäts-Werken herausgegebenen Broschüre enthalten. Will man Zähler für hohe Stromstärken eichen, so kann man mit dem Belastungswiderstand die Niederstromwicklung eines Stromwandlers hintereinander schalten und an die Hochstromwicklung die Stromspulen des Zählers anschließen. Der Eigenwiderstand des an den Belastungswiderstand angeschlossenen Spannungsmessers ist so bemessen, daß der durch ihn hindurchgehende Strom von der Größenordnung des Anlaufstroms von 3 und 5 A.-Zählern ist.

Das Verfahren eignet sich natürlich nur für Messungen bei induktionsfreier Belastung. Auch muß der Spannungsabfall an der Hauptstromwicklung des Zählers so klein sein, daß man ihn vernachlässigen kann.

VI. Eichschaltungen.

Will man den Fehler eines Elektrizitätszählers richtig bestimmen, so muß man nicht nur den wirklichen Verbrauch und die Angaben richtig messen, sondern man muß auch den Zähler und die zur Bestimmung des wirklichen Verbrauchs benutzten Instrumente richtig schalten. Es kommt nicht selten vor, daß durch unrichtige Schaltungen erhebliche Meßfehler entstehen, die man später nicht mehr nachkontrollieren kann. Wir wollen deshalb die bei den üblichen Zählerarten vorkommenden Schaltungen systematisch betrachten. Manches Selbstverständliche wird nochmals gesagt werden müssen; einige nur noch selten vorkommende Schaltungsarten sollen auch behandelt werden. Tarifzähler und andere Spezialarten sollen nicht in die Betrachtung einbezogen werden. Bei der Zeichnung der Schaltungsschemata ist darauf Wert gelegt worden, durch dünne Linien den Spannungskreis von dem mit dicken Linien gezeichneten Hauptstromkreis zu unterscheiden. Ferner sind Leistungsmesser und Zähler durch verschiedenartige Darstellung eindeutig gekennzeichnet. Neben die Meßinstrumente sind immer die Werte geschrieben, zu deren Messung sie benutzt werden. Der Zähler ist mit Z bezeichnet. Die Strom- und Spannungswandler sind meist ohne Bezeichnungen geblieben. Der bei Wechselstrommessungen immer anzuschließende Frequenzmesser ist in allen Schemata weggelassen worden, weil er meist direkt an die von dem stromliefernden Generator kommenden Leitungen angeschlossen wird und die Messung dann nicht beeinflußt.

Die Normen des Verbands Deutscher Elektrotechniker[1]) sind für die Leitungsführungen berücksichtigt, wenn auch die Klemmen und

---

[1]) ETZ 1922, S. 519, 657.

ihre Anordnung der Einfachheit wegen nicht mitgezeichnet wurden. Die Phasen sind mit 1 2 3 oder a b c bezeichnet, anstatt mit R S T.

Bei der Besonderheit jeder Schaltung würde es auf Schwierigkeiten stoßen, allgemeine Richtlinien aufzustellen. Es soll deshalb nur auf einige Gesichtspunkte hingewiesen werden, die bei der Besprechung der einzelnen Schaltungen nicht erwähnt werden.

Auf die Vorteile der Schaltung bei getrenntem Strom- und Spannungskreis ist schon im Kap. II, 1., Sparschaltung, ausführlich hingewiesen worden; sie wird in Eichräumen fast durchweg angewandt. Auch wenn man nur eine Wechselstromquelle zur Verfügung hat, speist man meist den Hauptstromkreis der Zähler mit einem Transformator niederer Sekundärspannung und den Spannungskreis entweder direkt aus dem Netz oder aus einem Transformator mit veränderlichem Übersetzungsverhältnis. Da man jedoch in vielen Fällen mit direkter Belastung durch das Netz auskommen muß, ist im folgenden auch auf diese Schaltungen genügend Rücksicht genommen worden.

In den Schaltungsschemata für Hochspannung sind nur Instrumente in Verbindung mit Spannungswandlern angenommen worden und die Erdung ist entsprechend vorgesehen. Da man aber

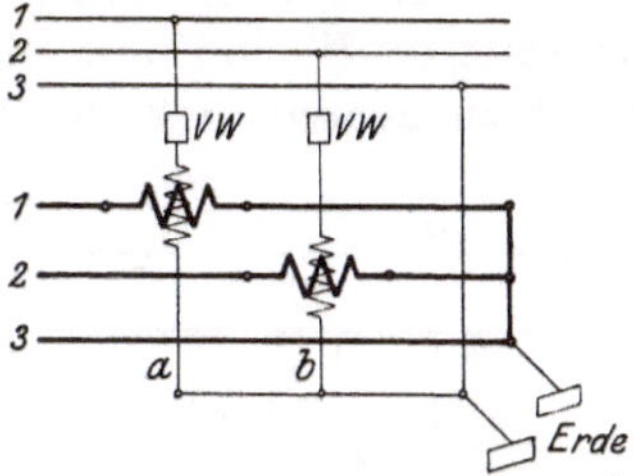

Abb. 50. Schaltung der Vorschaltwiderstände für die Leistungsmesser bei Erdung.

in manchen Eichräumen und Laboratorien noch mit Vorschaltwiderständen arbeiten wird, sei ein kurzer Hinweis ihrer Schaltung in bezug auf die Erdung gegeben. Abb. 50 zeigt die richtige Schaltung für die Vorschaltwiderstände *VW* der Leistungsmesser in einer Drehstrom-Dreileiterschaltung mit zwei messenden Systemen. Die Potentialdifferenz zwischen den Spulen der Leistungsmesser ist dabei sehr klein. Falsch wäre es dagegen, wenn man die Vorschaltwiderstände an den Stellen *a* und *b* in die Leitungen legen würde, weil dann die ganze Netzspannung zwischen der festen und der beweglichen Spule der Leistungsmesser liegen und zum Durchschlag führen könnte.

Schließlich sei noch auf einen Fehler hingewiesen, der bei der Prüfung von Zählern in Verbindung mit Tarifapparaten leicht vorkommt. Solche Apparate haben oft Aufzugsmagnete, deren Wicklungen an die Spannungsklemmen angeschlossen sind. Im normalen Betrieb und bei der Eichung mit direkter Belastung stört dies natürlich nicht. Eicht man dagegen bei getrennten Strom- und Spannungskreisen, so muß man für den Stromkreis des Aufzugmagnets eine getrennte Stromquelle verwenden, da sonst bei jedesmaligem Ansprechen des Aufzugmagnets der Spannungsabfall in der Spannungsleitung die Angaben der

Meßinstrumente zu stark beeinflußt. Das gleiche gilt für Pendelzähler mit Aufzugmagneten für das Uhrwerk.

Was sonst noch an allgemeinen Gesichtspunkten zu erwähnen wäre, ist an geeigneter Stelle in den folgenden Beschreibungen der Spezialfälle erläutert.

1. Einphasenwechselstrom.

a) Schaltung bei getrenntem Strom- und Spannungskreis.

Niederspannung und Niederstrom.

Bei Einphasenwechselstrom wird der Leistungsmesser L genau so geschaltet, wie der Zähler Z, vgl. Abb. 51. Strommesser J und Spannungsmesser E sind mit eingezeichnet. Bei der Schaltung ist nur darauf zu achten, daß der Spannungsabfall in der Leitung zwischen den Punkten a und b verschwindend klein ist. Der Leistungsfaktor bestimmt sich aus den Ablesungen der entsprechenden Instrumente mit

$$\cos\varphi = \frac{L}{E\cdot J}.$$

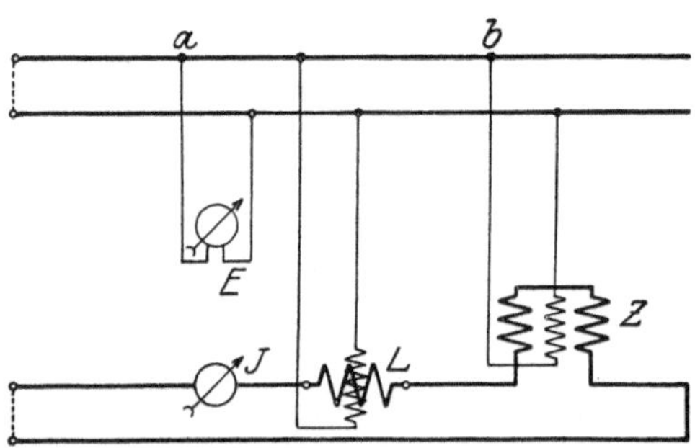

Abb. 51. Einphasenwechselstrom, getrennter Strom- und Spannungskreis, Niederspannung und Niederstrom.

Will man für gleichbleibende Spannung und Stromstärke bei verschiedenen Leistungsfaktoren messen, so ist der Leistungsfaktor proportional den Angaben des Leistungsmessers. Die Bestimmung gilt für Ströme jeder Kurvenform. Mit einem Phasenmesser (S. 45) kann man dagegen den Leistungsfaktor nur unter Annahme von sinusförmigem Verlauf von Strom und Spannung messen.

Hochspannung und Hochstrom.

In Abb. 52 ist ein Schaltungsschema für Hochspannung gezeichnet, unter Weglassung der Spannungswandler gilt es auch für Hochstrom bei Niederspannung. Um richtige Angaben des Leistungsmessers zu erhalten, muß man darauf achten, daß keine störenden elektrostatischen und elektromagnetischen Felder auftreten. Zur Vermeidung von elektrostatischen Feldern kommt es vor allen Dingen für die Leistungsmessung darauf an, daß die Äquipotential-Verbindung zwischen Spannungs- und Stromspule des Leistungsmessers vorgesehen wird, damit zwischen diesen keine Potentialdifferenz besteht. Andernfalls können statische Ladungen auftreten, wodurch infolge Anziehung oder Abstoßung zusätzliche Drehmomente auf die bewegliche Spule ausgeübt werden, die in ungünstiger Lage der Spulen Ausschläge bis zu mehreren Teilstrichen hervorrufen. Zu empfehlen ist es ferner, je einen Pol der Hochspannungs- und Hochstromleitung zu erden, ebenso das Gehäuse des Zählers, da sonst über die als Kondensatoren wirkenden Wicklungen ziemlich hohe Ladungen auf das Gehäuse übergehen können. Wenn die Erdungen nicht vorgesehen werden, so kann es vorkommen, daß zentimeterlange Funken überspringen, wenn man mit der Hand oder

einem anderen geerdeten Gegenstand in die Nähe des Gehäuses kommt. Wenn diese Funkenströme (Verschiebungsströme) auch sehr klein und vollkommen unschädlich sind, so wird der betreffende Beobachter doch erschrecken und dabei leicht durch eine heftige Bewegung Schaden anrichten. Daß alle Erdverbindungen so angelegt werden müssen, daß keine Nebenschlüsse zur Meßschaltung entstehen, bedarf kaum der Erwähnung.

Elektromagnetische Felder treten um die Leiter des Spannungskreises nie in solcher Größe auf, daß man sie beachten müßte. Dagegen

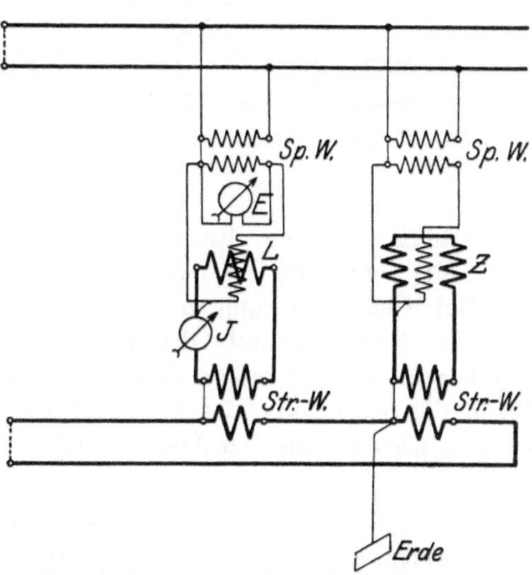

Abb. 52. Einphasenwechselstrom, getrennter Strom- und Spannungskreis, Hochspannung und Hochstrom.

muß man sehr darauf achten, daß schon bei mäßigen Stromstärken die Hin- und Rückleitungen des Hauptstromkreises so nahe beieinander unter Vermeidung von Schleifenbildung verlegt werden, daß keine wesentlichen Felder entstehen können. Achtet man nicht genügend darauf, so kann man besonders bei der Verwendung von eisenlosen Instrumenten erhebliche Fehlmessungen machen. Ob die Leitungsführung genügend feldlos ist, stellt man am einfachsten dadurch fest, daß man das für die Beeinflussung in Frage kommende Instrument um 180° dreht und beobachtet, ob sich sein Ausschlag ändert oder nicht.

Der Leistungsfaktor berechnet sich genau so wie bei Niederspannung, wobei natürlich, wie bei der Auswertung aller anderen Größen, die Wandlerfehler berücksichtigt werden müssen. (Vgl. S. 50.)

b) Schaltung bei direkter Belastung.

Niederspannung und Niederstrom.

Will man einen Wechselstromzähler in der Installation prüfen, so hat man nur selten die Möglichkeit, mit getrennten Strom- und Spannungskreisen zu arbeiten. Die Belastung stellt man dann entweder durch die Installation selbst oder durch besondere Belastungswiderstände, wie sie oben S. 23 beschrieben sind, her. Die Schaltung wird nach dem Schema der Abb. 53 ausgeführt. Eine Äquipotential-

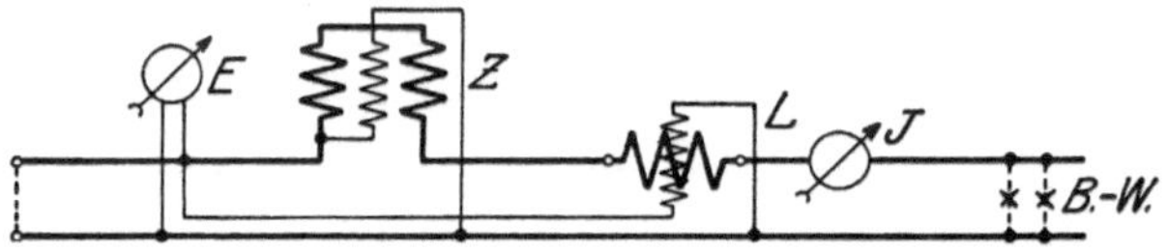

Abb. 53. Einphasenwechselstrom, direkte Belastung, Niederspannung und Niederstrom.

verbindung zwischen Strom- und Spannungsspule ist ohne weiteres durch die Schaltung des Zählers in der Installation gegeben.

Bei Niederspannung und Hochspannung ist der Spannungsmesser und die Spannungsspule des Leistungsmessers oder der Spannungswandler so anzuschließen, daß die in ihnen fließenden Ströme nicht durch die Stromspule des Zählers fließen, sondern vorher abgezweigt werden, wie dies aus den Abb. 53 und 54 zu ersehen ist.

Hochspannung und Hochstrom.

Bei Hochspannung darf man die eingezeichneten Äquipotential- und Erdverbindungen nicht vergessen. Beim Zähler ist meist schon an der Anschlußklemme eine Äquipotentialverbindung zwischen Hauptstrom- und Spannungskreis vorgesehen, so daß die in Abb. 54 gezeichnete weg-

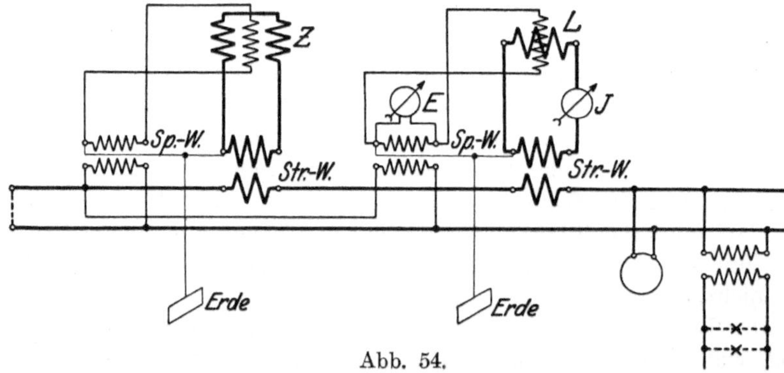

Abb. 54.

Einphasenwechselstrom, direkte Belastung, Hochspannung und Hochstrom.

fallen kann. Bei Hochstrommessungen muß darauf geachtet werden, daß die Zuleitungen zum Stromwandler möglichst nahe aneinander geführt werden, damit keine Felder entstehen, die die Angaben der Strommesser und Leistungsmesser beeinflussen. Auch muß man darauf achten, daß man die Instrumente nicht zu nahe an die Leitungen der Installation heranbringt, zumal wenn diese so weit voneinander verlegt sind, daß man eine Feldbildung befürchten muß. Die Probe besteht wieder darin, daß man das betreffende Instrument in zwei um 180° gegeneinander versetzten Stellungen abliest, wobei es keine Änderung des Ausschlags zeigen darf.

c) Prüfklemmen.

Um die Instrumente für die Prüfschaltung in der Installation einbauen zu können, muß man die ganze Installation unterbrechen, wenn man keine besonderen Vorrichtungen vorsieht. Bringt man dagegen an der eigentlichen Zählerklemme eine Prüfklemme an, so kann man die Installation ganz unbehelligt lassen und trotzdem die Prüfung vornehmen. Natürlich können Prüfklemmen nur bei Niederspannung und geringen Stromstärken verwandt werden. Die Abb. 55a bis d zeigen beispielsweise eine Prüfklemme der A.E.G. für Einphasenwechselstrom- oder Gleichstromzähler, bei denen zwei Leitungen eingeführt werden und geben die verschiedenen Schaltungen an, die man mit der Prüfklemme vornehmen kann. Die Prüfklemme wird mit vier Stiften in die Zählerklemme eingesetzt und dauernd mit ihr verbunden. Sie hat 2×3 Anschlüsse, während die Zählerklemme nur 2×2 hat. Der mittlere dieser Anschlüsse ist mit einer Brücke fest verbunden. Die Brücke ist gegen die beiden Zählerklemmen durch Zwischenlagen isoliert und kann nur durch Einschrauben der Schrauben, deren Köpfe in der Abbildung zu sehen sind, mit einer der beiden Zählerklemmen oder mit beiden zugleich verbunden werden. Außerdem hat die Brücke noch einen nach oben stehenden Lappen mit einer Anschlußschraube, unter die noch eine besondere Leitung geklemmt werden kann. In den Schaltbildern ist nur dort eine Verbindung anzunehmen, wo der Schraubenkopf gezeichnet ist; wo nur ein Loch zu sehen ist, ist die Schraube entfernt und also keine Verbindung vorhanden. Für jede Brücke braucht man höchstens 3 Schrauben.

Abb. 55a zeigt die Verbindungen bei Betriebsschaltung in der Installation. Will man den Zähler prüfen, ohne den Betrieb und die Installation zu stören, indem man einen besonderen Belastungswiderstand anwendet, so muß man über die Schaltung der Abb. 55b, wobei die Hauptstromspule des Zählers kurz geschlossen wird, zur Schaltung nach Abb. 55c übergehen. Die nötigen Handgriffe ergeben

sich aus den Abbildungen und brauchen nicht besonders erläutert zu
werden. Will man die Installation selbst als Belastung benutzen,
so geht man über die Schaltung Abb. 55b zur Schaltung Abb. 55d
über, ohne eine Unterbrechung der Leitung vornehmen zu müssen.

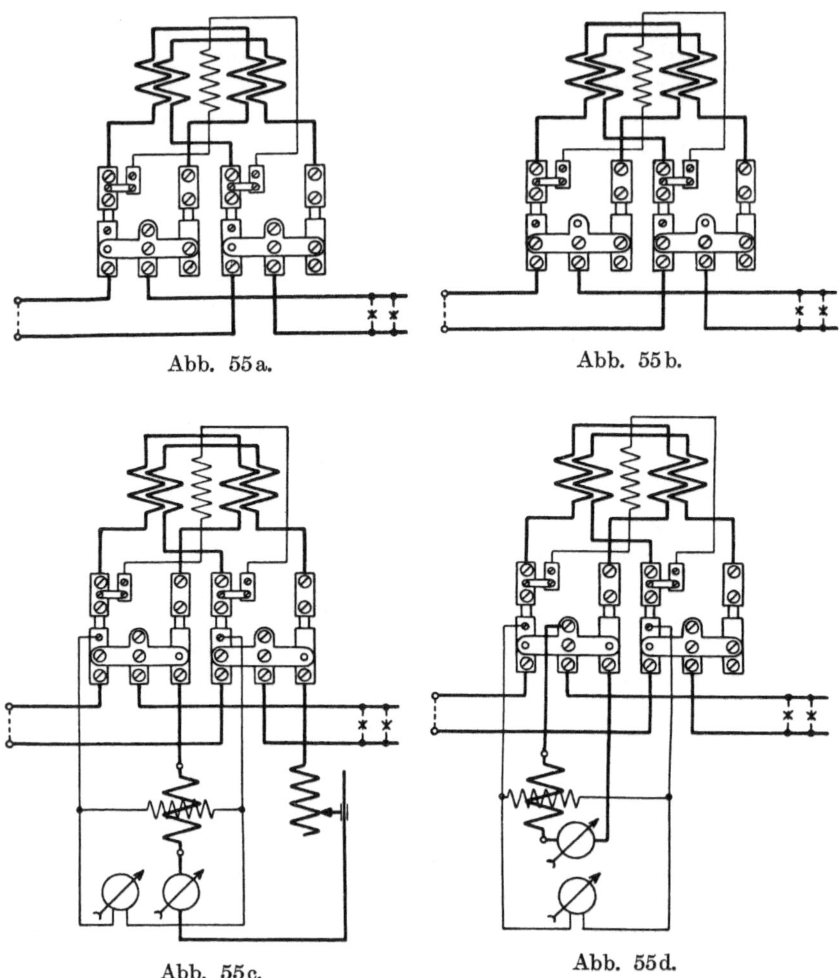

Abb. 55a.

Abb. 55b.

Abb. 55c.

Abb. 55d.

Abb. 55a—d. Prüfklemme der A.E.G. für Einphasenwechselstrom und Gleichstrom.

Es sei noch bemerkt, daß man bei der Übergangsschaltung nach
Abb. 55b den Zähler auswechseln kann, ohne die Installation zu
unterbrechen.

Bei anderen Ausführungen der Prüfklemmen werden umlegbare
Laschen benutzt, mit denen man von einer Schaltung auf eine

andere übergehen kann. Eine solche Prüfklemme der Isaria-Zählerwerke zeigt Abb. 56a bis c. Die Übergangsschaltung, bei der man die Hauptstromspulen des Zählers kurzschließt, ist dort nicht gezeichnet.

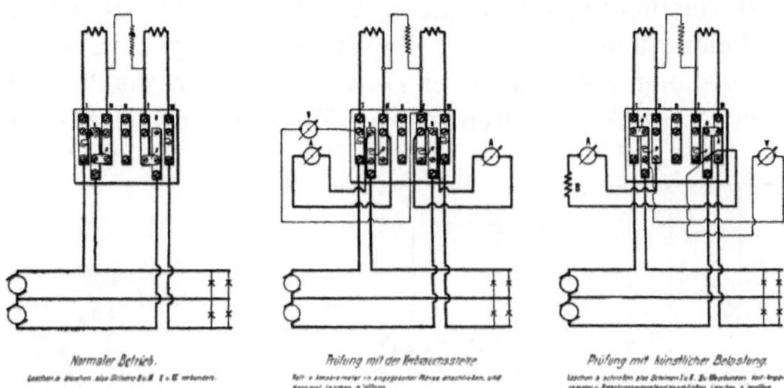

Abb. 56a.   Abb. 56b.   Abb. 56c.

Prüfklemme der Isaria-Zählerwerke für Einphasenwechselstrom und Gleichstrom.

2. Vierleiter-Zweiphasenwechselstrom.

Wie Abb. 57 zeigt, sind bei Vierleiter-Zweiphasenstrom beide Phasen vollkommen unabhängig voneinander. Jede Phase wirkt auf ein Zählersystem, das von dem anderen elektrisch vollkommen getrennt ist. Beide Systeme arbeiten mechanisch auf eine gemeinsame Achse.

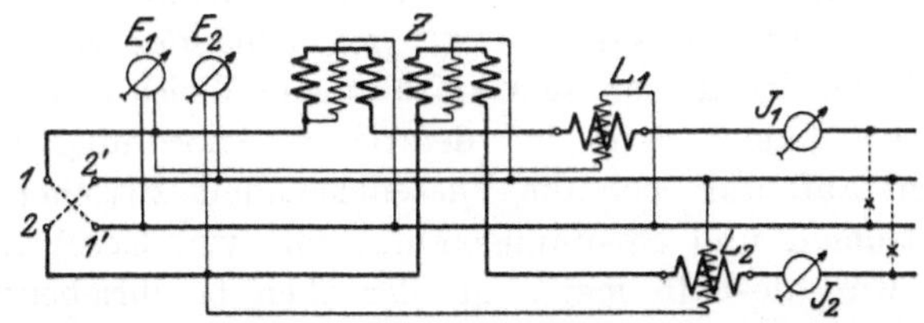

Abb. 57. Vierleiter-Zweiphasenstrom, direkte Belastung.

a) Schaltung bei direkter Belastung. Bei der Eichung in der Installation benutzt man zwei Leistungsmesser, die genau so wie die beiden Systeme des Zählers geschaltet werden, Abb. 57.

b) Schaltung bei getrennten Strom- und Spannungskreisen. Bei der Eichung mit getrennten Strom- und Spannungskreisen nimmt man meist jede Phase getrennt vor, macht also zwei Einphasenmessungen,

entsprechend Abb. 58. Dabei muß nur die Spannungsspule des anderen
Systems erregt sein. Es kommt nicht darauf an, daß die Phase der
an dieser Spannungsspule liegenden Spannung um 90° gegenüber der
verschoben ist, die an der Spannungsspule des der Messung unter-
worfenen Systems liegt. Beide Spannungen können gleichphasig sein,
denn nur die Bremsung durch den Fluß der Spannungsspule soll den
normalen Wert haben. Nur wenn man veraltete Zähler zu eichen hat,
bei denen die beiden Systeme einander beeinflussen, ist Vorsicht geboten.

Man kann auch die zwei Einphasenmessungen in den beiden
Phasen zu gleicher Zeit mit zwei Leistungsmessern machen und wird
die gleichen Resultate erhalten wie bei Zweiphasenwechselstrom.

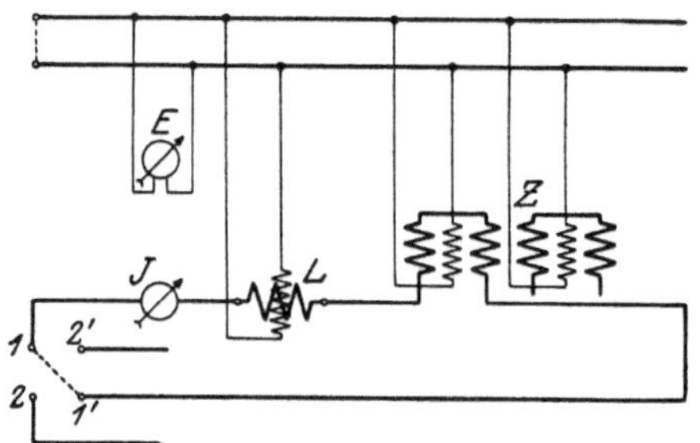
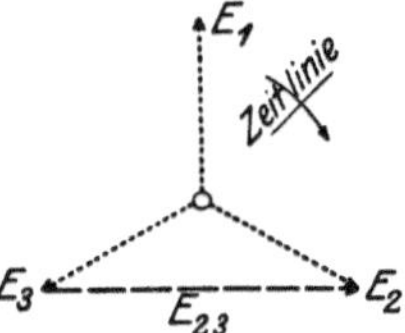

Abb. 58. Vierleiter-Zweiphasenstrom, ge-   Abb. 59. Zweiphasen-
trennte Strom- und Spannungskreise.   strom aus Drehstrom.

Will man aus irgendwelchen Gründen mit Zweiphasenwechselstrom eichen und hat man keine Zweiphasenstromquelle zur Verfügung, so kann man sich dadurch helfen, daß man entsprechend
Abb. 59 z. B. an einem Drehstromtransformator, dessen Nullpunkt
zugänglich ist, die Spannungen E_1 und E_{23} abnimmt. Die Größen
der beiden Spannungen brauchen dann nur einander gleich gemacht
zu werden, ihre Phasen sind um 90° gegeneinander verschoben. Für
die Hauptströme kann man sich auf ähnliche Weise eine Stromquelle
improvisieren. Jedoch tritt bei derartigen Anordnungen meist die
Schwierigkeit auf, daß sich die Phasengleichheit zwischen den zugeordneten Strömen und Spannungen nur mit viel Geschick erreichen
läßt. Man wird deshalb meist mit der oben beschriebenen Eichung
mittels Einphasenstrom vorlieb nehmen.

Schaltungsschemata für Hochspannungs- und Hochstromeichungen
sollen nicht angegeben werden, weil sie sich ohne weiteres aus dem
früher für Einphasenstromzähler Gesagten ergeben. Es sei nur noch
erwähnt, daß geerdete Äquipotentialverbindungen zwischen den Strom-
und Spannungsspulen der Leistungsmesser notwendig sind; ferner
verbindet man gegebenenfalls die Leitungen 1' und 2', sowohl im
Spannungs- als auch im Hauptstromkreise untereinander und mit Erde.

3. Dreileiter-Zweiphasenwechselstrom.

Bei Dreileiter-Zweiphasenstrom (verkettetem Zweiphasenstrom) gilt genau das gleiche, wie bei Vierleiter-Zweiphasenstrom. Nur werden immer die beiden Leitungen 1′ und 2′ in eine vereinigt.

4. Vierleiter-Drehstrom, drei messende Systeme.

a) Schaltung bei getrennten Strom- und Spannungskreisen.

Niederspannung und Niederstrom.

Bei Messung der Drehstromleistung mit drei messenden Systemen im Vierleiternetz wird im Prinzip eine Einphasenmessung dreimal wiederholt. Bei der Messung mit getrennten Strom- und Spannungskreisen schaltet man sowohl die Spannungsspulen der Zähler und Leistungsmesser als auch die Spannungsmesser zwischen die einzelnen Phasen und den Nulleiter.

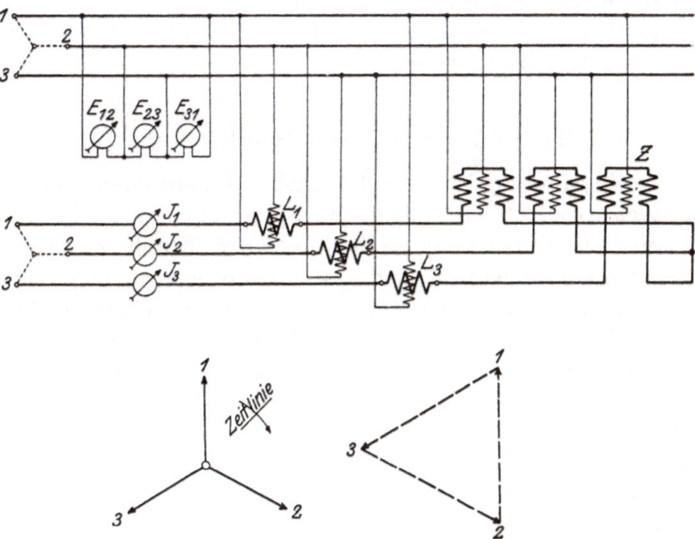

Abb. 60. Vierleiter-Drehstrom mit drei messenden Systemen, getrennte Strom- und Spannungskreise, Niederspannung und Niederstrom.

Oft wird man aber die Schaltung des Spannungskreises nach Abb. 60 machen, d. h. man wird sich mit Hilfe der drei Spannungsmesser ein gleichseitiges Spannungsdreieck herstellen und dann das Dreieck so drehen, daß es zu dem Stern des Hauptstromdiagramms in die richtige zeitliche Lage kommt. Voraussetzung ist dabei nur, daß beide Enden aller drei Spannungsspulen an der Anschlußklemme des Zählers zugänglich und nicht unlösbar in Stern geschaltet sind. Sind

diese Enden mit 1—0, 2—0, 3—0 bezeichnet, so wird nach Abb. 60
verbunden:

$$
\begin{array}{ccc}
1-0 & \text{mit} & 1-2 \\
2-0 & ,, & 2-3 \\
3-0 & ,, & 3-1
\end{array}
$$

Der Nullpunkt der Spulen liegt also reihum an den Phasen 1, 2, 3.
Dann erhält man die richtigen Verhältnisse, wie aus den unter Abb. 60
gezeichneten Diagrammen hervorgeht. Das linke Diagramm bezieht sich auf den in Stern geschalteten Stromkreis, das rechte auf
die in Dreieck geschalteten Spannungsspulen. Es besteht daher Phasengleichheit zwischen Strom und Spannung in jedem messenden System,
wenn die Ströme und Spannungen die in den Diagrammen gezeichnete
Lage haben.

Die drei Stromkreise schaltet man entsprechend Abb. 60 in Stern
und stellt mit Hilfe der drei Strommesser ein gleichseitiges Strom-
dreieck her. Eine Nulleitung erübrigt sich.

Der Leistungsfaktor berechnet sich für jedes einzelne System
genau wie bei Einphasenstrom.

Hochspannung und Hochstrom.

Für Hochspannung ist kein besonderes Schaltschema gezeichnet,
es ergibt sich aus Abb. 60, wenn man Spannungs- und Stromwandler
zwischenschaltet. Dabei kann an Stelle von drei Einphasen-Spannungs-
wandlern auch ein Drehstromwandler verwendet werden. Äquipotentialverbindungen sind an jedem einzelnen Leistungsmesser nötig, auch
erdet man diese zweckmäßig. Bei Verwendung eines Drehstromwandlers kann man an Stelle dieser Verbindungen auch die Stromspulen der Leistungsmesser und den Nullpunkt des Spannungswandlers
erden. Erdungsverbindungen sind ferner für die Nullpunkte der Hoch-
spannungsleitungen erforderlich. Ist die primäre Hochspannungs-
leitung in Dreieck geschaltet und also kein Nullpunkt vorhanden, so
kann man den Nullpunkt des stromliefernden Transformators erden.
Ist auch dies nicht möglich, so schafft man am besten einen künstlichen Nullpunkt durch drei in Stern geschaltete Widerstände oder
Drosseln, wozu man einen kleinen Transformator benutzen kann, dessen
Sternpunkt zugänglich ist (vgl. auch Abb. 72).

b) Schaltung bei direkter Belastung.

Abb. 61 zeigt die Schaltung für Zähler mit drei messenden Systemen und Nulleiter in der Installation bei direkter Belastung durch
Lampen und Motoren. Wie bei Einphasenwechselstrom ist darauf

zu achten, daß alle Spannungsleitungen vor den Zählerhauptstromspulen abgezweigt werden müssen, damit an den Meßinstrumenten die gleiche Netzspannung liegt, wie am Zähler.

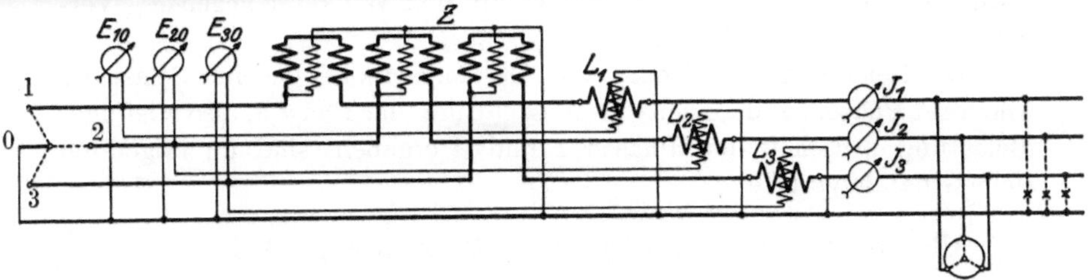

Abb. 61. Vierleiter-Drehstrom mit drei messenden Systemen, direkte Belastung, Niederspannung und Niederstrom.

Bei Hochspannungsmessungen kommen gegenüber der Messung mit getrennten Strom- und Spannungskreisen keine bemerkenswerten Änderungen in Frage.

c) Abschaltung einer Phase.

Für den Fall, daß alle Belastungen an den Nulleiter angeschlossen sind, ist es ohne Einfluß auf die Größe und die Phase der Ströme oder Spannungen, wenn man eine Phase abschaltet. Hat man jedoch die drei Belastungen zwar in Stern geschaltet, jedoch den Nulleiter nicht an den Sternpunkt herangeführt, wie in Abb. 62, so ergeben sich bei Abschaltung einer Phase die im folgenden beschriebenen Verhältnisse. Der Einfachheit wegen sei angenommen, daß alle drei Belastungen vor der Abschaltung gleichartig und gleichgroß ($= r$) sind und daß die Gleichheit der drei Phasenspannungen auch nach dem Abschalten

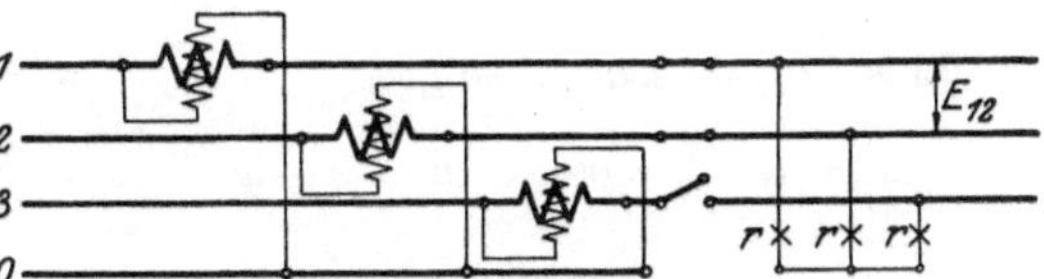

Abb. 62. Vierleiter-Drehstrom, Abschaltung einer Phase.

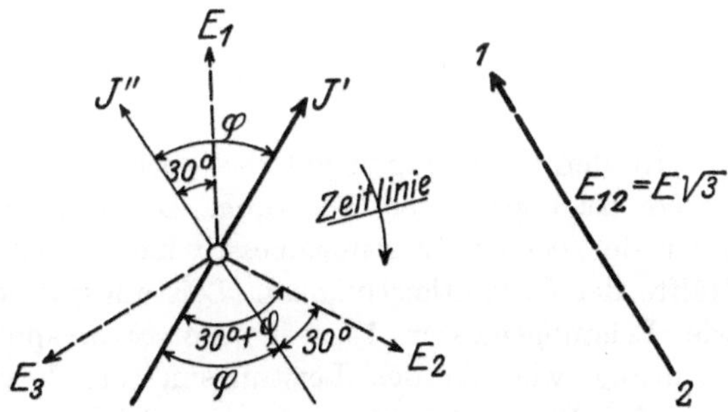

Abb. 63. Vierleiter-Drehstrom, Abschaltung einer Phase. Diagramm zu Abb. 62.

einer Phase erhalten bleibt. Nach Abschaltung der Phase 3 ergibt sich zwischen den Phasen 1 und 2 ein Strom, der bei induktionsfreier

Belastung mit der verketteten Spannung $E_{12} = E\sqrt{3}$ in Phase ist und dessen Größe J'' durch den Widerstand $2r$ der zwischen den Leitungen 1 und 2 liegenden Belastungen gegeben ist. Sind diese Belastungen jedoch induktiv, so ist die Lage des Stromes um den Winkel φ gegen E_{12} verschoben, wie J' in Abb. 63.

Die Belastungsverhältnisse, die sich einerseits bei gleicher Belastung aller drei Phasen, andererseits bei Abschaltung der Phase 3, also alleiniger Belastung zwischen den Phasen 1 und 2 ergeben, sind im folgenden nebeneinandergestellt.

Alle drei Phasen eingeschaltet.	Phase 3 abgeschaltet.
Phasenspannungen $$E_1 = E_2 = E_3 = E$$	Spannung zwischen 1 und 2 $$E_{12} = E \cdot \sqrt{3}$$
Belastung jeder Phase $$r$$	Belastung zwischen 1 und 2 $$2r$$
Strom jeder Phase $$J_1 = J_2 = J_3 = J = \frac{E}{r}$$	Strom zwischen 1 und 2 $$J' = \frac{E\sqrt{3}}{2r} = J \cdot \frac{\sqrt{3}}{2}$$
Leistungsmesser 1 zeigt $$L_1 = E_1 \cdot J_1 \cdot \cos\varphi = E \cdot J \cdot \cos\varphi$$	$$L_1 = E_1 \cdot J' \cdot \cos(30^0 \mp \varphi)$$
Leistungsmesser 2 zeigt $$L_2 = E_2 \cdot J_2 \cdot \cos\varphi = E \cdot J \cdot \cos\varphi$$	$$= E \cdot J \cdot \frac{3}{4} \text{ für } \varphi = 0$$ $$L_2 = E_2 \cdot J' \cdot \cos(30^0 \pm \varphi)$$
Leistungsmesser 3 zeigt $$L_3 = E_3 \cdot J_3 \cdot \cos\varphi = E \cdot J \cdot \cos\varphi$$	$$= E \cdot J \cdot \frac{3}{4} \text{ für } \varphi = 0$$ $$L_3 = 0$$
Die Gesamtleistung ist $$L = 3 \cdot E \cdot J \cdot \cos\varphi$$	$$L = \frac{1}{2} \cdot 3 \cdot E \cdot J \cos\varphi.$$

In den Gleichungen gilt das obere Vorzeichen bei induktiver, das untere bei kapazitiver Belastung. Bei induktionsfreier Belastung zeigt jeder der beiden Leistungsmesser nach Abschaltung einer Phase die Hälfte der Gesamtleistung an. Leistungsmesser 2 zeigt ebenso positiv wie Leistungsmesser 1, weil die Stromspule in entgegengesetzter Richtung wie die des Leistungsmessers 1 vom Strom durchflossen und die Phase des Stromes also gleichsam um 180^0 gedreht wird. Aus dem Diagramm kann man leicht feststellen, wann die Angaben der Leistungsmesser ihr Maximum erreichen oder durch Null hindurchgehen.

Der Zähler arbeitet natürlich genau so, wie die Leistungsmesser.

5. Dreileiter-Drehstrom, zwei messende Systeme.

a) Allgemeines.

In Drehstromnetzen ohne Nulleiter schaltet man die Zähler heutzutage allgemein nach der sogenannten Zweiwattmetermethode[1]). Da diese Schaltung am häufigsten in Drehstromanlagen vorkommt und sich daher jeder Zählertechniker damit befassen muß, soll sie etwas ausführlicher behandelt und der bekannte Beweis für ihre Richtigkeit angeführt werden. In Momentanwerten ist die Leistung eines Drehstroms

$$l = e_1 i_1 + e_2 \cdot i_2 + e_3 i_3,$$

wobei e_1, e_2, e_3 die Phasenspannungen, i_1, i_2, i_3 die Ströme in den drei Leitungen sind.

Es ist nun bei Drehstrom ohne Nulleiter

$$i_1 + i_2 + i_3 = 0.$$

Formen wir die erste Gleichung so um, daß die Summe der Ströme darin auftritt, so erhalten wir

$$l = i_1(e_1 - e_3) + i_2(e_2 - e_3) + e_3(i_1 + i_2 + i_3).$$

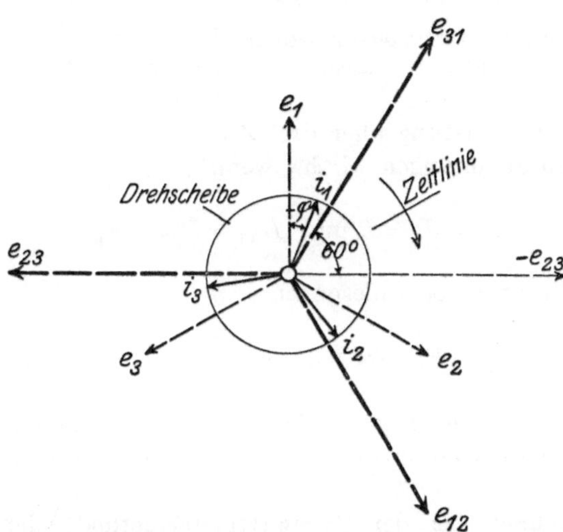

Abb. 64.　Dreileiter-Drehstrom mit zwei messenden Systemen.

Nennen wir entsprechend dem Diagramm Abb. 64

$\qquad e_1 - e_3$ die verkettete Spannung $\qquad e_{31}$

$\qquad e_2 - e_3$,, 　　　 ,, 　　　　　 ,, 　　 $-e_{23}$,

so erhält man schließlich

$$l = i_1 \cdot e_{31} - i_2 \cdot e_{23}.$$

---

[1]) Vgl. Behn-Eschenberg: ETZ 1892, S. 73; Aron: ETZ 1892, S. 193.

An Stelle der Momentanwerte kann man bekanntlich die Effektivwerte setzen, hat dann jedoch die Phasenwinkel zwischen den Strömen und Spannungen zu berücksichtigen.

Man erhält unter Annahme sinusförmigen Wechselstroms am Leistungsmesser I in der Schaltung nach Abb. 65

$$L_1 = J_1 . E_{31} . \cos (30^0 \mp \varphi)$$

und am Leistungsmesser II

$$L_2 = J_2 . E_{23} . \cos (30^0 \pm \underline{\varphi}).$$

Das obere Vorzeichen gilt für induktive, das untere für kapazitive Belastung. Da man die Spannung E_{23} so an den Leistungsmesser II

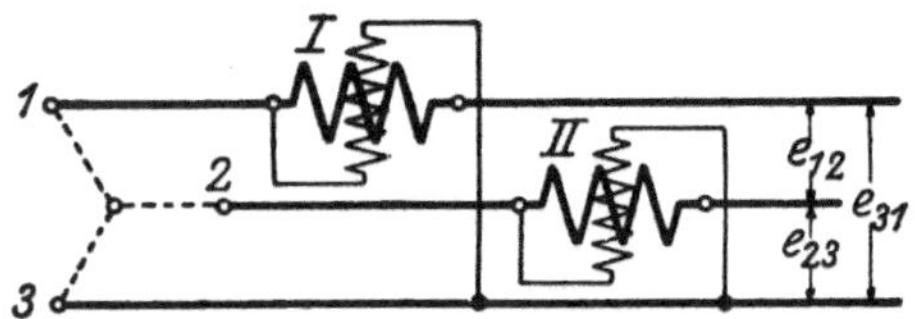

Abb. 65. Schaltung für Dreileiter-Drehstrom mit zwei messenden Systemen.

angeschlossen hat, daß er einen positiven Wert zeigt, so erhält man die Gesamtleistung als Summe der Ablesungen an den beiden Leistungsmessern (und nicht als Differenz, wie in der obigen Gleichung für die Momentanwerte).

Bei gleicher Belastung aller drei Zweige und bei Gleichheit aller drei verketteten Spannungen, d. h., wenn

$$J_1 = J_2 = J \quad \text{und} \quad E_{31} = E_{23} = E_v$$

ist, wird die Summe der Ablesungen

$$L = L_1 + L_2 = J \cdot E_v \cdot 2 \cdot \cos 30^0 \cdot \cos \varphi = J \cdot E_v \cdot \sqrt{3} \cdot \cos \varphi.$$

Daraus kann man den Leistungsfaktor $\cos \varphi$ berechnen, wenn man den Strom, die verkettete Spannung und die Ablesungen der Leistungsmesser kennt.

Man berechnet bei der Zweiwattmetermethode den Leistungsfaktor aber meist aus den Einzelablesungen der Leistungsmesser, wie dies auf S. 45 ausführlich angegeben ist.

Um leicht einstellen zu können und über die Lage der einzelnen Vektoren immer ein klares Bild zu haben, zeichnet man sich die Abb. 64 auf festen Karton und macht den in der Abbildung mit einem Kreis umgebenen Mittelteil, auf dem die Vektoren der drei Ströme gezeichnet sind, drehbar. Diese sogenannten „Drehscheiben" haben sich im Laboratoriumsgebrauch bewährt.

b) Schaltung bei getrennten Strom- und Spannungskreisen.

Niederspannung und Niederstrom.

Bei Niederspannung und Niederstrom gestaltet sich die Schaltung nach der Zweiwattmetermethode sehr einfach, vgl. Abb. 66. Zähler und Leistungsmesser sind ganz gleich geschaltet.

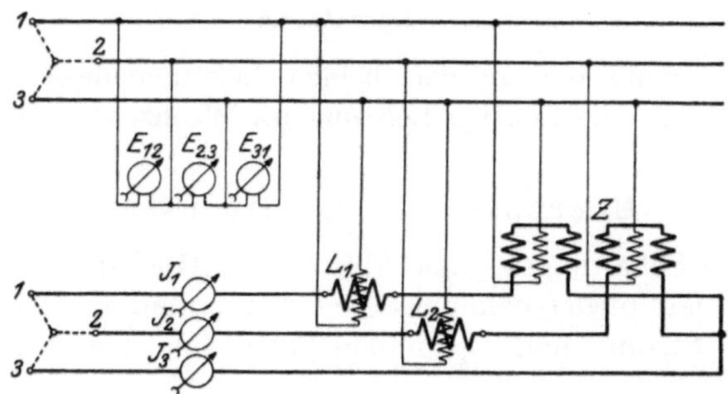

Abb. 66. Dreileiter-Drehstrom mit zwei messenden Systemen, getrennte Strom- und Spannungskreise, Niederspannung und Niederstrom.

Schaltet man eine der Phasen ab, so zeigt bei Abschaltung der Phase 1 nur der Leistungsmesser L_2 an, bei Abschaltung der Phase 2 nur der Leistungsmesser L_1. Es ergibt sich also in diesen Fällen eine ein-

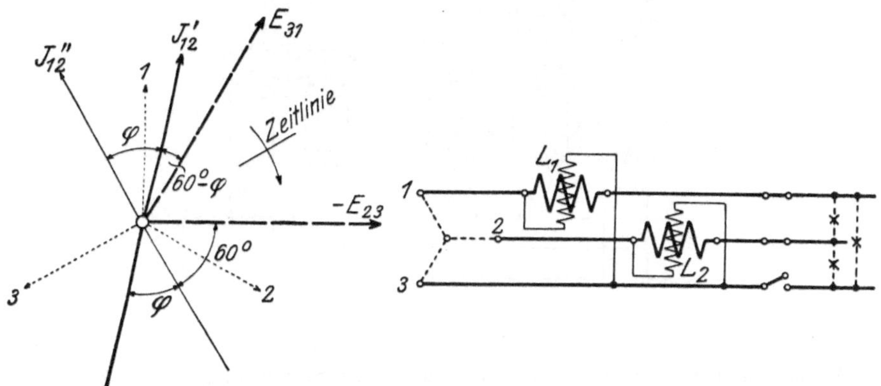

Abb. 67. Dreileiter-Drehstrom mit zwei messenden Systemen, Abschaltung einer Phase.

fache Einphasenmessung. Schaltet man dagegen Phase 3 ab, so zeigen beide Leistungsmesser an. In Abb. 67 ist das Diagramm der Ströme und Spannungen für diesen Fall gezeichnet. An den beiden Leitern 1 und 2 liegt die verkettete Spannung E_{12} (die im Diagramm nicht eingezeichnet ist). Bei induktionsfreier Belastung wird sich also der Strom J_{12}'' einstellen, bei induktiver Belastung verschiebt sich der Strom in die durch eine dick ausgezogene Linie gezeichnete Lage J'_{12}. Die Leistungsmesser zeigen an

$$L_1 = J'_{12} \cdot E_{31} \cdot \cos(60^0 - \varphi),$$
$$L_2 = J'_{12} \cdot E_{23} \cdot \cos(60^0 + \varphi).$$

Kann man $E_{31} = E_{23} = E_v$ setzen, so wird

$$L = L_1 + L_2 = J_{12} \cdot E_v \cdot \cos\varphi,$$

d. h. die Summe der an den beiden Leistungsmessern abgelesenen Leistungen zeigt die richtige Leistung im Wechselstromkreis an.

Hochspannung und Hochstrom.

Zu dem Schaltungsschema Abb. 68 für Hochspannung ist nur zu bemerken, daß niederspannungsseitig Äquipotentialverbindungen zwischen den Strom- und Spannungsspulen der Leistungsmesser not-

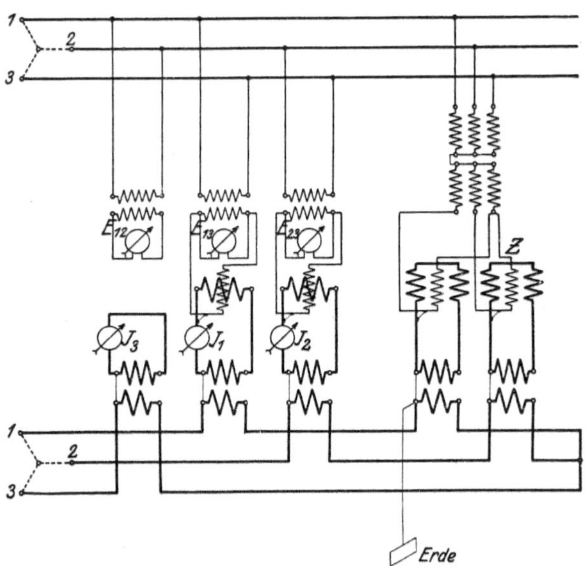

Abb. 68. Dreileiter-Drehstrom mit zwei messenden Systemen, getrennte Strom- und Spannungskreise, Hochspannung und Hochstrom.

wendig sind. Man kann auch bei Verwendung eines Drehstromwandlers die Hauptstromspulen mit dem Nullpunkt der Niederspannungswicklung des Wandlers verbinden und diesen erden. Auch der Primärkreis der Hauptstromleitung wird zweckmäßig geerdet. Im Spannnungskreis wird man hochspannungsseitig nur einen vorhandenen Nullpunkt (z. B. den des rechts gezeichneten Spannungswandlers für den Zähler) oder einen künstlich geschaffenen erden; andere Erdungen sind nicht zulässig. Für direkte Belastung ändert sich gegenüber den Schaltungen Abb. 66 und 68 nur das eine, daß die beiden Leitungssysteme in eines zusammengelegt werden.

6. Vierleiter-Drehstrom, zwei messende Systeme.

a) Allgemeines.

Eine besondere Schaltungsart zur Messung der Arbeit in Vierleiter-Drehstromnetzen durch Zähler mit nur zwei messenden Systemen zeigt Abb. 69 und 70. Ein System trägt zwei Hauptstromwicklungen, die in die Phasen 1 und 3 eingeschaltet sind, das andere ebenfalls zwei Hauptstromwicklungen, die in die Phasen 2 und 3 eingeschaltet sind. An der Spannungswicklung des ersten Systems liegt die

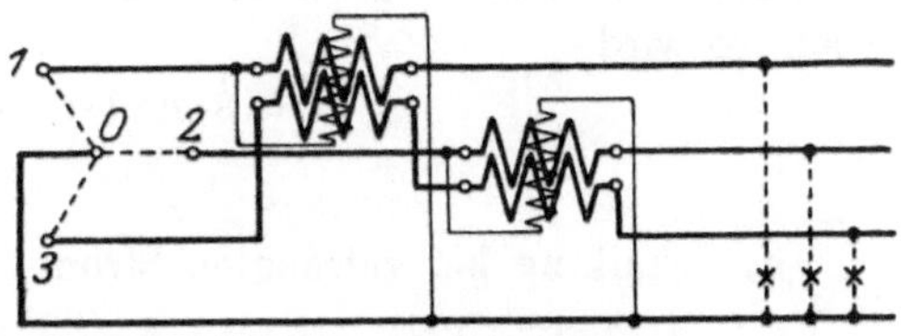

Abb. 69. Vierleiter-Drehstrom mit zwei messenden Systemen, direkte Belastung, Niederspannung und Niederstrom.

Spannung 1—0, an der des zweiten Systems die Spannung 2—0. Beide Systeme arbeiten auf die gleiche Achse[1].

Die Wicklungen sind in solchem Sinne aufgebracht, daß der Momentanwert der Leistung wird

$$l = (i_1 - i_3) \cdot e_1 + (i_2 - i_3) \cdot e_2.$$

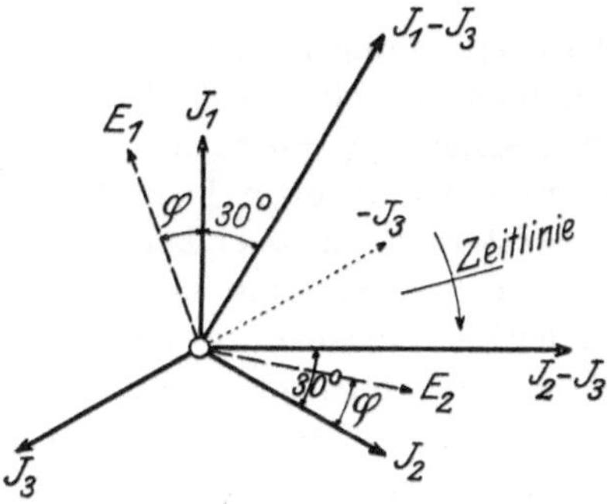

Der Zähler zeigt richtig für alle Belastungen und alle Phasenverschiebungen, wenn die Bedingung erfüllt ist

$$e_1 + e_2 + e_3 = 0.$$

Hat dagegen diese Summe einen bestimmten Wert, so daß

$$e_1 + e_2 + e_3 = e_0,$$

so ist die Leistung im Netz[2]

$$l = (i_1 - i_3) \cdot e_1 + (i_2 - i_3) e_2 + i_3 e_0.$$

Abb. 70. Diagramm zu Abb. 69.

Der Wert $i_3 \cdot e_0$ wird vom Zähler nicht mitgezählt. Da nun aber, wie Orlich[2] nachgewiesen hat, die Spannung e_0 bei nicht sinusförmi-

---

[1] Die Schaltung ist ein vollständiges Analogon zur Zweiwattmeterschaltung Seite 83 und 84; an Stelle der elektrisch verketteten Spannungen E_{31} und $-E_{23}$ treten die magnetisch verketteten Ströme $\overline{J_1 - J_3}$ und $\overline{J_2 - J_3}$, an Stelle der Phasenströme J_1 und J_2 die Phasenspannungen E_1 und E_2. Aus der induktiven Phasenverschiebung wird eine kapazitive und umgekehrt.

[2] Die Gleichung läßt sich aus der von Orlich: ETZ 1907, S. 71 angegebenen Gleichung 11 durch einige Umformungen ableiten.

gem Wechselstrom oder bei Verzerrung des Nullpunkts beträchtliche
Werte annehmen kann, sind so geschaltete Zähler zur Messung in Dreh-
strom-Vierleiternetzen nur bedingt geeignet. Praktisch kommen allerdings selten so große Verzerrungen vor, daß die Angaben um mehr als
einige Prozente geändert werden[1]).

Unter Einsetzung der Effektivwerte ergibt sich aus Abb. 70 die
Leistung bei induktiver Belastung[2]):

$$L = (\overline{J_1 - J_3}) \cdot E_1 \cdot \cos(30^0 + \varphi) + (\overline{J_2 - J_3}) \cdot E_2 \cdot \cos(30^0 - \varphi).$$

Sind die Belastungsströme und die Spannungen untereinander
gleich, so wird

$$L \doteq 3 \cdot E \cdot J \cdot \cos\varphi.$$

b) Schaltung bei getrennten Strom- und Spannungskreisen.

Niederspannung und Niederstrom.

Für die Eichung mit Vierleiter-Drehstrom bei getrennten Strom-
und Spannungskreisen müßte man sowohl die Phasen- als auch die
verketteten Spannungen untereinander genau gleich halten. Dies
läßt sich aber kaum erreichen, weil bei der Regulierung der einen
Spannung immer die anderen mit beeinflußt werden. Man kann nur
entweder die verketteten Spannungen oder die Phasenspannungen
untereinander gleich einstellen. In keinem der beiden Fälle ist Ge-
währ dafür geboten, daß dann die Phasenspannungen bzw. die verketteten Spannungen um 120⁰ gegeneinander verschoben sind. Dies
ist aber Bedingung dafür, daß das Störungsglied $i_3 e_0 = 0$ wird.

Man hilft sich dadurch, daß man ähnlich wie oben beim Vier-
leiter-Drehstromzähler mit 3 messenden Systemen nur drei Leitungen
benutzt und die verketteten Spannungen dieses Systems sinngemäß
mit den Spannungsspulen des Zählers und der Leistungsmesser verbindet.
In Abb. 71 ist die Eichschaltung angegeben. Zur Schaltung des Hauptstromkreises ist nichts zu bemerken. Diejenige Spannungsspule des
Zählers, die in der Installation an 1 — 0 zu liegen kommt, wird an 1 — 2
gelegt, ebenso die Spannungsspule, die in der Installation an 2 — 0
liegt, an 2 — 3. Einmal ersetzt also die Leitung 2 den Nulleiter, das
andere Mal die Leitung 3. Der Zähler muß deshalb so eingerichtet sein,
daß man die Enden der Spannungsspulen, die in der Installation am
Nullpunkt liegen, für die Eichschaltung lösen kann. Ist die Lösung
nicht möglich, so muß man auf irgendeine Weise einen künstlichen
Nullpunkt bilden, z. B. durch einen Drehstromtransformator oder -motor

---

[1]) Vgl. Stubbings: The Electrician. Bd. 87, S. 754, 1921. Referat ETZ
1922, S. 1165.

[2]) Die Striche über den Strömen bedeuten geometrische Zusammensetzung.

mit zugänglichem Nullpunkt. Die Leistungsmesser können natürlich nicht ebenso wie der Zähler geschaltet werden, sondern in jeder Phase

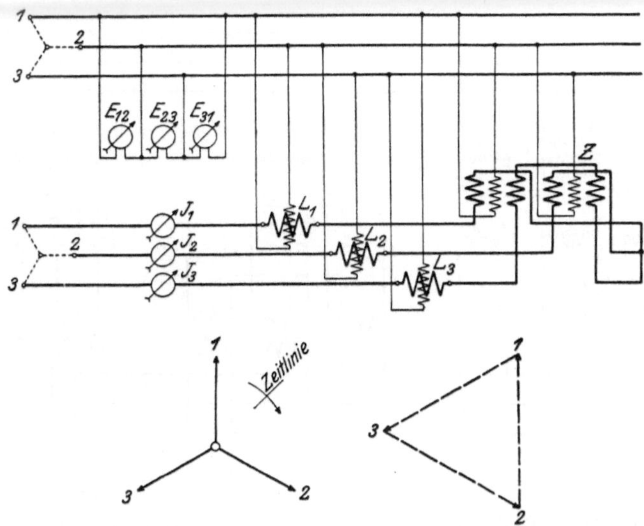

Abb. 71. Vierleiter-Drehstrom mit zwei messenden Systemen, getrennte Strom- und Spannungskreise, Niederspannung und Niederstrom.

muß ein Leistungsmesser liegen. Dabei werden die Spannungsleitungen folgendermaßen verbunden:

Leistungsmesser in	Spannung	Nulleiter ersetzt durch Leitung
Phase 1	1 — 2	2
Phase 2	2 — 3	3
Phase 3	3 — 1	1

Hochspannung und Hochstrom.

Für Hochspannung und Hochstrom wird nach Abb. 72 geschaltet. Die Schaltung der drei Leistungsmesser ist ebenso wie in Abb. 71, Besonderheiten zeigen sich nur bei der Schaltung der Hauptstromkreise des Zählers.

Entweder benutzt man einen Zähler mit 2 Wicklungen auf jedem System, wozu man 3 Stromwandler braucht, oder man verkettet, wie in der Abbildung rechts gezeichnet, die Ströme in zwei Stromwandlern, die primär zwei, sekundär eine Wicklung tragen, wobei der Zähler nur eine Wicklung auf jedem System hat. Die Erdungen sind so vorzunehmen, wie in Abb. 72 angegeben. Wenn der die Hochspannung liefernde Transformator keinen für die Erdung zugänglichen Nullpunkt hat, muß man einen künstlichen Nullpunkt etwa durch eine Drehstromdrosselspule herstellen.

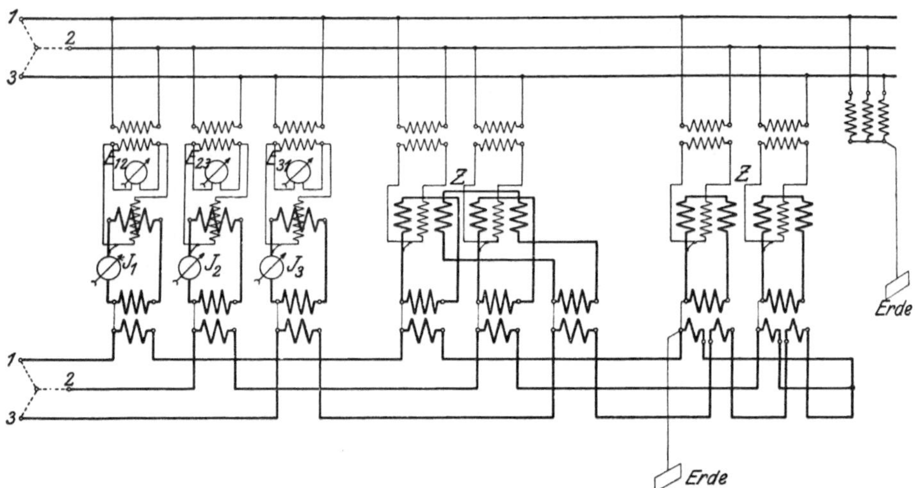

Abb. 72. Vierleiter-Drehstrom mit zwei messenden Systemen, getrennte Strom- und Spannungskreise, Hochspannung und Hochstrom.

c) Schaltung bei direkter Belastung.

Niederspannung und Niederstrom.

Bedeutend einfacher als für die Eichung mit getrennten Strom- und Spannungskreisen gestaltet sich die Schaltung für direkte Eichung in der Installation. Abb. 73 bedarf keiner Erläuterung. Es ist durch Messung

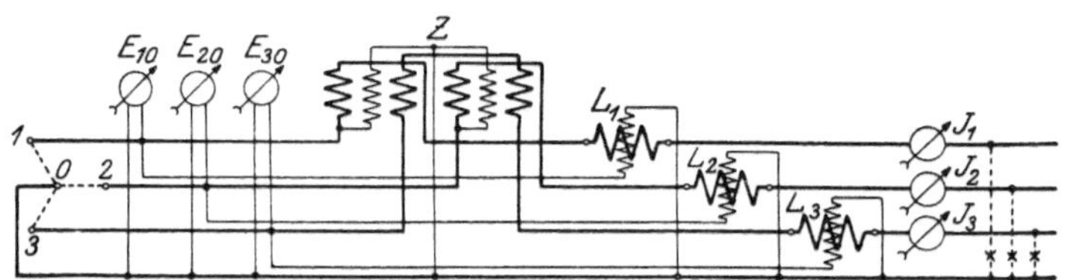

Abb. 73. Vierleiter-Drehstrom mit zwei messenden Systemen, direkte Belastung, Niederspannung und Niederstrom.

der verketteten und der Phasenspannungen festzustellen, ob das Glied e_0 nicht auf die Angaben des Zählers einwirkt. Die Leistung des Netzes wird natürlich durch die drei Leistungsmesser immer richtig gemessen.

Hochspannung und Hochstrom.

Für Hochspannung und Hochstrom wird der Spannungskreis unter Zwischenschaltung von Spannungswandlern genau so geschaltet wie in Abb. 73, die Schaltung des Hauptstromkreises ist genau gleich der in Abb. 72. Äquipotential- und Erdverbindungen müssen sinngemäß hergestellt werden.

7. Vier- oder Dreileiter-Drehstrom, ein messendes System (sogenannte Drehstromzähler für gleichbelastete Phasen).

a) Allgemeines. Alle Drehstromzähler mit nur einem messenden System zeigen nur dann richtig, wenn alle Phasen gleich belastet sind. Meist ist diese Voraussetzung nicht erfüllt. Bei größeren Ungleichheiten in der Belastung oder gar bei Abschaltung einer Phase zeigen sie vollständig falsch; es kann sogar bei induktiver oder kapazitiver Belastung der Fall eintreten, daß sie rückwärts laufen[1]). Derartige Zähler werden deshalb von der Physikalisch-Technischen Reichsanstalt nicht mehr zur Beglaubigung zugelassen. Trotzdem werden diese Zähler in Niederspannungsnetzen oft noch verwendet, weil sie bedeutend billiger sind als Drehstromzähler. Sie werden immer mit Einphasenstrom geeicht, wenn man mit getrenntem Strom- und Spannungskreis arbeitet. Im folgenden sollen die drei gebräuchlichsten Schaltungen kurz behandelt werden.

b) Eine Hauptstromspule in einer Phasenleitung, eine Spannungsspule zwischen dieser Leitung und dem Nulleiter. Abb. 74.

Der Zähler mißt an und für sich $L_1 \cdot t = J_1 \cdot E_1 \cos \varphi \cdot t$, seine Zählwerksübersetzung ist jedoch so gewählt, daß das Dreifache angezeigt wird:

$$L_1 \cdot t = 3 \cdot J_1 \cdot E_1 \cdot \cos \varphi \cdot t.$$

Ebenso ist die auf dem Zählerschild angegebene Konstante so gewählt, daß die aus den Umdrehungen berechneten Angaben die

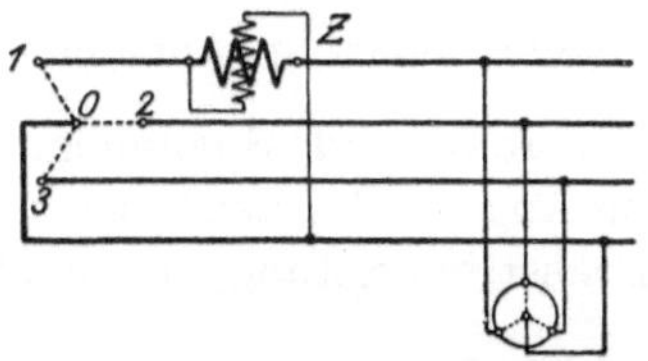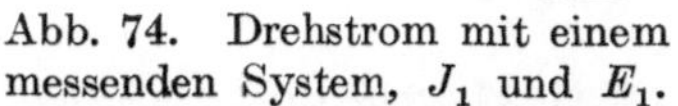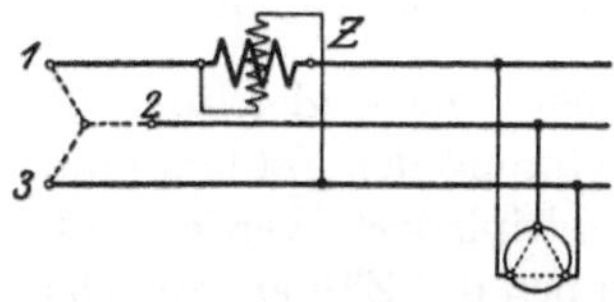

Abb. 74. Drehstrom mit einem messenden System, J_1 und E_1.　　Abb. 75. Drehstrom mit einem messenden System, J_1 und E_{31}.

Drehstromarbeit ergeben. Man eicht den Zähler sowohl für Niederspannung als auch für Hochspannung als Einphasenzähler. Die Angaben des zur Eichung verwendeten Leistungsmessers müssen also bei der Berechnung des Fehlers mit 3 multipliziert werden.

---

[1]) Vgl. Schmiedel: ETZ 1913, S. 53.

c) Eine Hauptstromspule in einer Phasenleitung, eine Spannungsspule zwischen dieser Leitung und einer anderen Phasenleitung. Abb. 75.

Der Zähler mißt an und für sich $L \cdot t = J_1 \cdot E_{13} \cdot \cos \varphi \cdot t$, wenn der von der Spannungsspule erzeugte magnetische Fluß der Spannung um 60^0 nacheilt (anstatt wie beim normalen Einphasenzähler um 90^0), wie aus dem Diagramm Abb. 76a ersichtlich ist.

Die Zählwerksübersetzung ist so gewählt, daß seine Angaben das $\sqrt{3}$fache betragen:

$$L \cdot t = \sqrt{3} \cdot J_1 \cdot E_{13} \cdot \cos \varphi \cdot t = 3 \cdot J \cdot E \cdot \cos \varphi \cdot t.$$

Entsprechend ist die Konstante auf dem Zählerschild so angegeben, daß die aus den Umdrehungen berechneten Angaben die Drehstromarbeit ergeben.

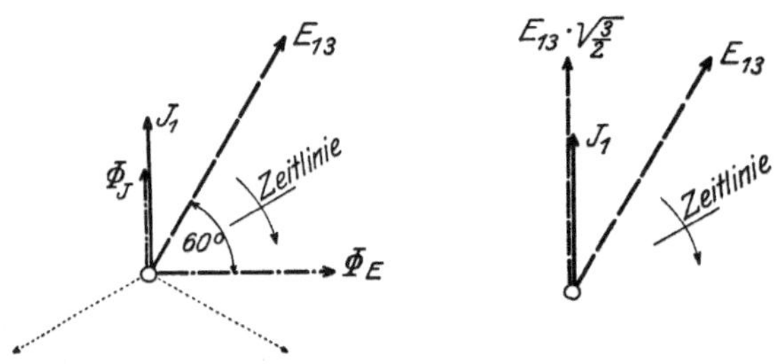

Abb. 76a. Zähler.   Abb. 76b. Leistungsmesser.
Diagramme zu Abb. 75.

Bei der Eichung mit getrenntem Strom- und Spannungskreis schaltet man Zähler und Leistungsmesser genau so wie bei Einphasenmessungen, wobei an den Spannungsspulen eine Spannung von der Größe der verketteten Spannung liegen muß. Bei induktionsfreier Belastung für den Zähler muß der Leistungsmesser entsprechend Abb. 76b anzeigen $J_1 \cdot E_{13} \cdot \dfrac{\sqrt{3}}{2}$, also 0,866 seines maximalen Ausschlags bei Phasengleichheit zwischen Strom und Spannung. Bei der Berechnung des Fehlers muß also die Angabe des Leistungsmessers mit 2 multipliziert werden, um die Drehstromleistung entsprechend den Angaben des Zählers zu erhalten:

$$L = 2 \cdot J_1 \cdot E_{13} \cdot \frac{\sqrt{3}}{2} = J_1 \cdot E_{13} \sqrt{3} = 3 \cdot E \cdot J.$$

Will man den Zähler für induktive Last eichen, so muß man bedenken, daß der Leistungsmesser $J_1 \cdot E_{13} \cdot \cos (30^0 - \varphi)$ zeigt, während der Zähler mit einer Geschwindigkeit läuft, die $J_1 \cdot E_{13} \cdot \sqrt{3} \cdot \cos \varphi$ proportional ist. Deshalb stellt man sich am besten die folgende Tabelle auf, die die Ausschläge des Leistungsmessers für eine Anzahl von

Leistungsfaktoren im Netz in Prozenten des maximalen Ausschlags des Leistungsmessers bei den jeweiligen Werten des Hauptstroms und der Spannung angibt. In der letzten Spalte ist schließlich der Faktor k angegeben, mit dem man bei verschiedenen Phasenverschiebungen die Angaben des Leistungsmessers multiplizieren muß, um die der Einrichtung des Zählers entsprechende Leistung für die Berechnung des Fehlers zu erhalten. Die Faktoren sind in Abhängigkeit von $\cos\varphi$ in Abb. 77 aufgetragen.

Leistungsfaktor im Netz $\cos\varphi$	Phasenwinkel φ	Ausschlag des Leistungsmessers $^0/_0$	Faktor, mit dem die Leistung zu multiplizieren ist
1	0	86,6	2,000
0,9	25° 50′	99,7	1,565
0,866	30°	100,0	1,500
0,8	36° 50′	99,3	1,394
0,7	45° 30′	96,4	1,260
0,6	53° 10′	91,9	1,130
0,5	60°	86,6	1,000
0,4	66° 25′	80,5	0,861
0,3	72° 30′	73,7	0,705
0,2	78° 25′	66,4	0,521
0,1	84° 15′	58,4	0,296
0	90°	50,0	0

Die Tabelle gilt für induktive Last, kapazitive Last kommt für derartige Zähler nicht in Frage.

d) Zwei Hauptstromspulen, jede in einer Phasenleitung, eine Spannungsspule zwischen diesen beiden Leitungen. Abb. 78.

Bei dem Zähler nach Abb. 78 durchfließen die beiden Phasenströme zwei auf ein und denselben Eisenkern aufgebrachte

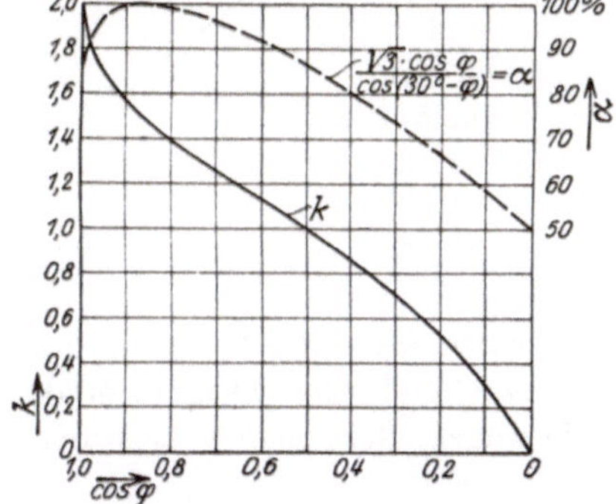

Abb. 77. Korrektur k für den Leistungsmesser in Abb. 75.

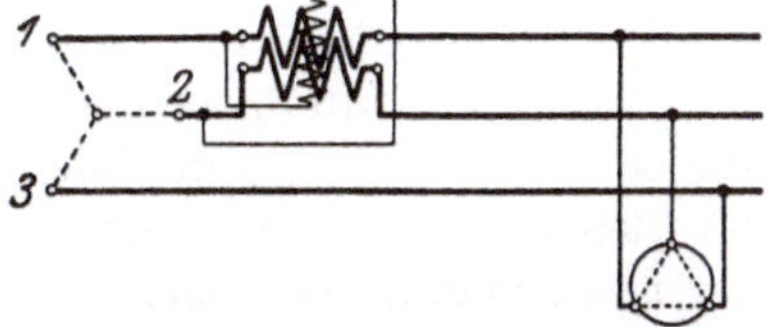

Abb. 78. Drehstrom mit einem messenden System, $\overline{J_1 - J_2}$ und E_{12}.

Wicklungen. Der von ihnen erzeugte magnetische Fluß wird von gleicher Größe und von gleicher Phase, wie wenn sich die beiden Ströme J_1 und J_2 entsprechend dem Diagramm der Abb. 79a zu einem resultierenden Strom $\overline{J_1 - J_2}$ verbänden. Die an der Spannungsspule liegende

Spannung ist bei induktionsfreier Belastung E_{12}'', fällt also mit dem Strom $\overline{J_1 - J_2}$ zusammen. Bei induktiver Last eilt die Spannung dem Strom vor und liegt beispielsweise in der Richtung E_{12}'. Da der Zähler mit 90^0-Verschiebung gebaut ist, sind seine Angaben

$$A = \overline{(J_1 - J_2)} \cdot E_{12}' \cdot \cos\varphi \cdot t.$$

Er zeigt also bei allen Phasenverschiebungen dann die Drehstromarbeit richtig an, wenn alle Phasen gleich belastet sind.

Man kann den Zähler als Einphasenzähler eichen, wobei man nur darauf zu achten hat, daß man die Stromspulen richtig hintereinanderschaltet. Es ist nämlich gleichgültig, ob man zwei um 60^0 gegeneinander verschobene Ströme J_1 und $-J_2$ durch die Spulen leitet oder zwei phasengleiche Ströme, von denen jeder die Größe $J_1 \dfrac{\sqrt{3}}{2}$ hat. Bei Bestimmung der Höhe der Belastung ist der Zahlenwert zu berücksichtigen. Im übrigen kann man die Angaben des Zählers direkt mit denen des Leistungsmessers vergleichen.

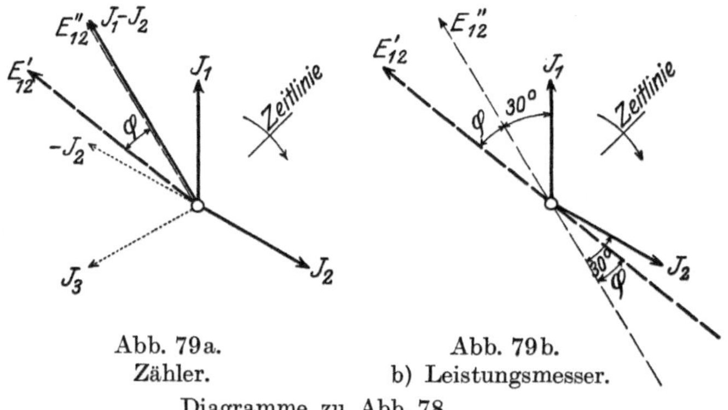

Abb. 79a.   Abb. 79b.

Zähler.   b) Leistungsmesser.

Diagramme zu Abb. 78.

Will man in der Installation mit **Drehstrom** prüfen, so kann man die Stromspulen zweier Leistungsmesser wie die des Zählers in je eine Phase einschalten, während man ihre Spannungsspulen an ein und dieselbe Spannung E_{12}' anschließt. Entsprechend dem Diagramm der Abb. 79b ergibt die Summe der Ablesungen der beiden Leistungsmesser bei induktiver Last:

$$L = J_1 \cdot E_{12}' \cdot \cos(30^0 + \varphi) + J_2 \cdot E_{12}' \cdot \cos(30^0 - \varphi).$$

Setzt man unter Annahme gleicher Belastung der 3 Zweige $J_1 = J_2$, ferner unter Voraussetzung genauer 120^0-Verschiebung $\overline{J_1 - J_2} = J_1\sqrt{3}$, so erhält man

$$L = \overline{L_1 + L_2} = J_1 \cdot \sqrt{3} \cdot E_{12}' \cdot \cos\varphi$$
$$= \overline{(J_1 - J_2)} \cdot E_{12}' \cdot \cos\varphi.$$

Die Summe der Angaben der beiden Leistungsmesser entspricht also den Angaben des Zählers.

Es sei noch darauf aufmerksam gemacht, daß es keineswegs richtig ist, einen der erwähnten Zähler mit nur einem messenden System dadurch eichen zu wollen, daß man durch eine richtige Drehstromschaltung der Leistungsmesser die Netzleistung bestimmt. Dies wäre nur dann zulässig, wenn alle Ströme und Spannungen untereinander genau gleich wären. Trifft dies nicht zu, so mißt man zwar die Netzleistung mit den Leistungsmessern richtig und kann die Ungleichheiten, die zu falschen Angaben des Zählers führen, feststellen, dagegen kann man nicht prüfen, ob der Zähler richtig eingestellt war.

8. Blindverbrauchszähler[1]).

a) Allgemeines.

Während alle bisher besprochenen Wechselstromzähler die im Netz verbrauchte Arbeit $\int E \cdot J \cdot \cos\varphi \cdot dt$ messen sollen und daher auch die Leistungsmesser so geschaltet sein müssen, daß sie die Leistung (genauer: Wirkleistung) messen, dienen die Blindverbrauchszähler dazu, $\int E \cdot J \cdot \sin\varphi \cdot dt$ zu messen. Diese Zähler haben in den letzten Jahren, wo man auf die Wirtschaftlichkeit der Kraftwerke und Kraftübertragungen mehr und mehr Wert legen mußte, an Bedeutung gewonnen. Ein schlechter Leistungsfaktor der Anlage beeinflußt die festen Kosten dadadurch, daß im stromliefernden Werk die Leistungsfähigkeit der Antriebsmaschinen nicht voll ausgenutzt werden kann; ebenso werden auch die Leitungsnetze und Transformatoren ungünstig belastet und dadurch ihre Leistungsfähigkeit herabgesetzt. Hieraus ergibt sich eine Verringerung der verkaufbaren Kilowattstunden, die in einer Erhöhung der festen und veränderlichen Kosten der Werke zum Ausdruck kommt. Viele Tarifvorschläge sind schon gemacht worden, um bei der Verrechnung der gelieferten elektrischen Arbeit zu einer möglichst einwandfreien Lösung zu kommen[2]). Dabei sind alle möglichen Schaltungsarten der Zähler angegeben worden, die für den Laien und oft auch für den Fachmann kaum verständlich sind. Die einfachste Verrechnungsart hat bisher der reine Blindverbrauchszähler ermöglicht. Alle großen Werke gehen deshalb dazu über, neben den Wirkverbrauchszählern nur reine Blindverbrauchszähler zu verwenden.

---

[1]) Vgl. „Richtlinien" der Physikalisch-Technischen Reichsanstalt über Blindverbrauchszähler (Umdruck); ferner Z. Instrumentenk. 1919, S. 111 und 1920, S. 137.

[2]) Ein ausführliches Literaturverzeichnis findet sich in der Broschüre „Blindlastzähler" der Dr. Paul Meyer A.-G., Berlin 1922.

Blindverbrauchszähler werden in der Regel nur für Drehstrom gebaut, weil die Berücksichtigung des Leistungsfaktors nur bei der Verrechnung großer motorischer Arbeiten in Frage kommt.

Es ist hier nicht der Platz, um ausführlich die Wirkungsweise der verschiedenen Systeme der Blindverbrauchszähler zu behandeln; um so mehr ist es aber notwendig, die prinzipiellen Eigenschaften aller Blindverbrauchszähler von einheitlichen Gesichtspunkten aus zu betrachten.

Mißt man die Blindlast mit Leistungsmessern, so müssen die angeschlossenen Spannungen um $\mp 90^0$ (— für induktive, + für kapazitive Last) gegen diejenige Lage verschoben sein, die sie bei Wirkschaltung der Leistungsmesser im zeitlichen Vektordiagramm einnehmen. Beim Zähler eilen in der Wirkschaltung sowohl für induktive als auch für kapazitive Last die Spannungsflüsse um 90^0 gegen die sie erzeugenden Spannungen nach (oder um einen Winkel α mehr als 90^0, wenn die entsprechenden Ströme gegen den von ihnen erzeugten Fluß um α verschoben sind); bei Blindschaltung müssen sie um $\mp 90^0$ (— für induktive, + für kapazitive Last) gegenüber ihrer Lage bei Wirkschaltung verschoben sein. Daraus ergibt sich folgende allgemein gültige Regel für die Blindverbrauchszähler: Für induktive Last müssen die Spannungsflüsse bei Blindschaltung im Vektordiagramm um 180^0 gegenüber der Lage verschoben sein, in der bei Wirkschaltung die Spannungen liegen; für kapazitive Last müssen die Spannungsflüsse die gleiche Lage haben, wie die Spannungen bei Wirkschaltung.

Im Speziellen gilt folgendes: Bei Einphasenstrom und Vierleiter-Drehstrom müssen die Spannungsflüsse in Gegenphase zu den Phasenspannungen sein, die mit gleichbenannten Strömen zusammenwirken, wie in Abb. 80 gezeichnet[1]). Bei Dreileiter-Drehstrom müssen die Spannungsflüsse um -210^0 und -150^0 gegenüber den Phasenspannungen E_1 und E_2 verschoben sein, wenn die Phasenströme J_1 und J_2 die Hauptstromflüsse erzeugen. In Abb. 80b gehört der Fluß Φ'_E also zu J_1 (oder Φ_{J1}), der Fluß Φ''_E zu J_2 (oder Φ_{J2})

Welche Spannungen man zur Erzeugung der Spannungsflüsse benutzt, ist ganz in das Belieben des Konstrukteurs gestellt: Man

---

[1]) Folgende Annahmen sind bei der Aufstellung der Diagramme zu berücksichtigen, wie dies für die Wirkverbrauchszähler stillschweigend vorausgesetzt wurde: die Zeitlinie rotiert im Sinne des Uhrzeigers; als positive Richtung der Phasenspannungen gilt die von Leitung 0 nach Leitung 1 oder 2 oder 3; die positiven Richtungen der verketteten Spannungen sind gegeben durch die Festsetzungen $E_{12} = \overline{E_2 - E_1}$, $E_{23} = \overline{E_3 - E_2}$, $E_{31} = \overline{E_1 - E_3}$; alle Winkel in den Diagrammen werden von den Spannungen zu den Strömen positiv gerechnet, und zwar im Drehsinn des Uhrzeigers; die Winkel zwischen den Flüssen rechnet man positiv, wenn man sich, ausgehend vom Spannungsfluß, zu dem zugehörenden Fluß des Hauptstromkreises hin entgegengesetzt dem Drehsinn des Uhrzeigers bewegt.

kommt zu genau gleichen Resultaten durch 0^0-, 30^0-, 60^0-, 90^0- und 120^0-Verschiebungen. Für die Praxis werden fast nur die im folgenden beschriebenen 90^0- und 60^0-Verschiebungen angewendet.

Ganz allgemein gilt ferner für Blindverbrauchszähler das Folgende: Die Schaltungen der Blindverbrauchszähler für induktive Last, wie sie im folgenden angegeben sind, können in Schaltungen für kapacitive Last verwandelt werden, wenn man die Anschlüsse entweder an allen Stromspulen oder an allen Spannungsspulen umkehrt. Werden die für induktive Last geschalteten Blindverbrauchszähler kapazitiv belastet, so laufen sie rückwärts.

Zyklische Vertauschung der zusammengehörenden Größen ist bei allen Blindverbrauchszählern statthaft.

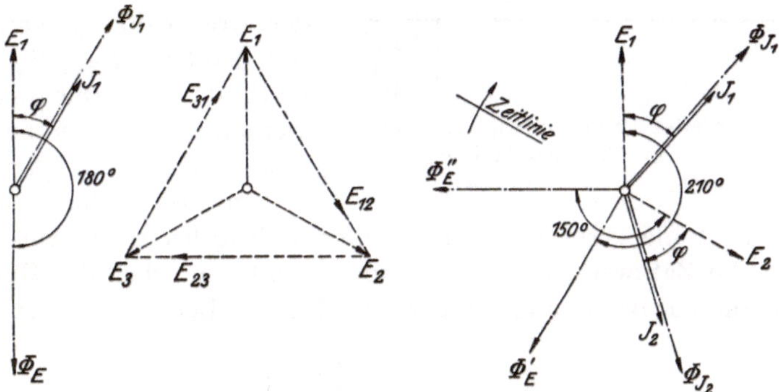

Abb. 80. Allgemeines Diagramm für den Blindverbrauchszähler.

Der Drehsinn dagegen darf nicht geändert werden, da bei falschem Drehsinn gänzlich veränderte Verhältnisse eintreten. Beispielsweise laufen Blindverbrauchszähler mit 90^0-Verschiebung bei verkehrtem Drehsinn verkehrt herum, und zwar mit der gleichen Geschwindigkeit, mit der sie bei richtigem Anschluß vorwärts laufen; solche mit 60^0-Verschiebung zeigen bei verkehrtem Drehsinn vollkommen falsch; nur die Blindverbrauchszähler mit 0^0-Verschiebung sind unabhängig vom Drehsinn. Vor dem Anschließen von Blindverbrauchszählern muß man deshalb fast stets mit einem Drehfeldrichtungsanzeiger den Drehsinn feststellen.

b) Vierleiter-Drehstrom, drei messende Systeme mit 90^0-Verschiebung.

Bei Blindverbrauchszählern für Vierleiter-Drehstrom, deren Systeme ebenso wie die der Wirkverbrauchszähler für 90^0-Verschiebung eingerichtet sind, werden die Spannungsspulen in derselben Art geschaltet, wie bei den Wirkverbrauchszählern, nur werden die Anschlüsse an

die Netzleiter in folgender Weise gegenüber den in Abb. 60 und 61
gezeichneten vertauscht:

$$\text{An Stelle von } E_1 \text{ tritt } -E_{23},$$
$$\text{,, \quad ,, \quad ,, } E_2 \text{ ,, } -E_{31},$$
$$\text{,, \quad ,, \quad ,, } E_3 \text{ ,, } -E_{12}.$$

Abb. 81 zeigt die entsprechende Schaltung der Leistungsmesser oder
der Zähler, die in diesem Fall übereinstimmen. In Abb. 82 ist das

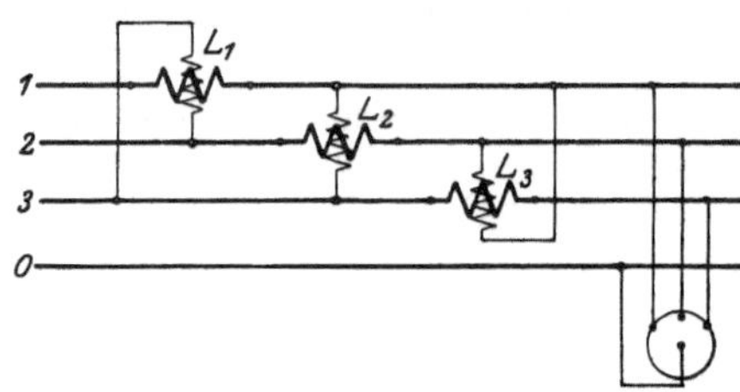

Diagramm der Spannungen,
der Ströme und der Flüsse für
den Zähler bei gleicher Belastung der drei Phasen gezeichnet. Die Angaben jedes
der drei Zählersysteme sind
proportional $\Phi_{E23} \cdot \Phi_{J1} \cdot \sin\psi$
und, da $\psi = 180^0 - \varphi$ ist,
werden sie auch proportional
$E_{23} \cdot J_1 \cdot \sin\varphi$. Die Spannungsspulen des Zählers müssen

Abb. 81. Vierleiter-Drehstrom, drei messende
Systeme mit 90^0-Verschiebung.

natürlich für die verketteten Spannungen richtig bemessen sein. Ebenso muß die Zählwerksübersetzung so gewählt sein, daß der Blindverbrauch am Zählwerk angezeigt wird. Da die Leistungsmesser genau

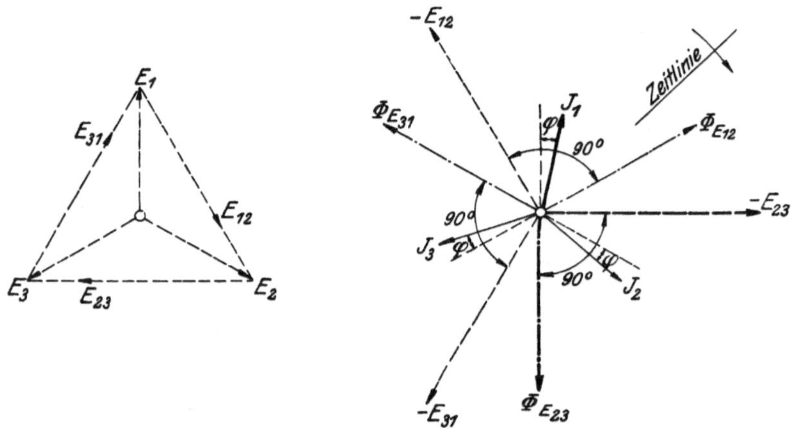

Abb. 82. Diagramm des Zählers für die Schaltung nach Abb. 81.

so wie die Zähler geschaltet werden, so zeigt jedes von ihnen ent-
sprechend Abb. 82 den Wert $E_{23} \cdot J_1 \cdot \cos(90^0 - \varphi) = \sqrt{3} \cdot E_1 \cdot J_1 \cdot \sin\varphi$
an; man muß also die Summe der an den drei Leistungsmessern
abgelesenen Leistungen noch durch $\sqrt{3}$ dividieren, um den richtigen
Blindverbrauch zu erhalten.

Bei der Messung mit getrennten Strom- und Spannungskreisen kann man entweder die verketteten oder die Sternspannungen an Zähler und Leistungsmesser anschließen und sie in die richtige Lage drehen. Nur muß man dafür sorgen, daß die Größe entsprechend der Aufschrift auf dem Zähler richtig gewählt ist und daß die Angaben der Leistungsmesser wieder durch $\sqrt{3}$ dividiert werden.

c) Vierleiter-Drehstrom, drei messende Systeme mit 60°-Verschiebung.

Man kann die Blindverbrauchszähler für Vierleiter-Drehstrom auch so ausführen, daß jedes der drei messenden Systeme für 60°-Verschiebung eingerichtet ist. Es werden dann folgende Vertau-

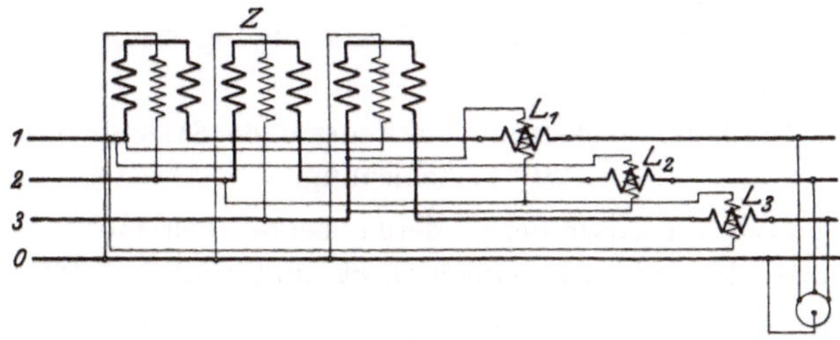

Abb. 83. Vierleiter-Drehstrom, drei messende Systeme mit 60°-Verschiebung.

schungen gegenüber der Schaltung Abb. 60 oder 61 für Wirkverbrauchszähler gemacht:

$$\text{An Stelle von } E_1 \text{ tritt } E_2,$$
$$\text{,,} \quad \text{,,} \quad \text{,,} \quad E_2 \text{ ,, } E_3,$$
$$\text{,,} \quad \text{,,} \quad \text{,,} \quad E_3 \text{ ,, } E_1.$$

Somit ergibt sich die Schaltung der Zähler nach Abb. 83. Das Diagramm Abb. 84 veranschaulicht die Wirkungsweise bei induktiver Phasen-

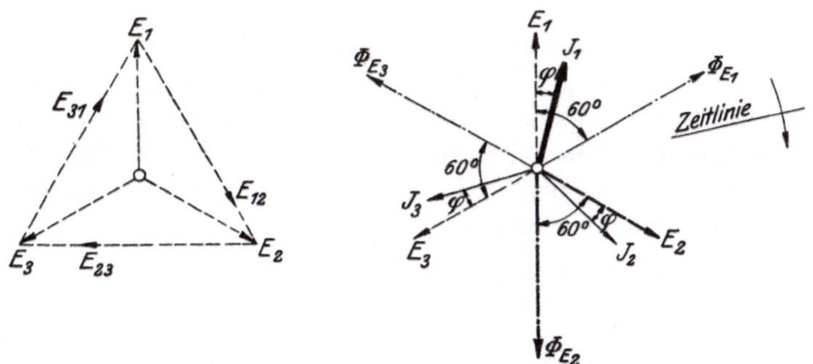

Abb. 84. Diagramm des nach Abb. 83 geschalteten Zählers.

verschiebung unter Voraussetzung gleicher Belastung der drei Zweige. Die Angaben jedes der drei Zählersysteme sind proportional $\Phi_{E2}\cdot\Phi_{J1}\cdot\sin\psi$ und, da $\psi=180^0-\varphi$ ist, werden sie auch proportional $E_2\cdot J_1\cdot\sin\varphi$. Die Leistungsmesser werden ebenso geschaltet wie in Abb. 81; dann sind die Angaben jedes Leistungsmessers proportional $E_{23}\cdot J_1\cdot\sin\varphi$, die Gesamtleistung muß wieder durch $\sqrt{3}$ dividiert werden. Da am Zähler die Sternspannungen, an den Leistungsmessern die verketteten Spannungen liegen, so muß bei der Schaltung mit getrennten Strom- und Spannungskreisen der Spannungskreis als Vierleiter-Drehstromkreis ausgebildet werden. Das Diagramm der verketteten und Sternspannungen muß sowohl bei direkter Belastung als auch bei getrennten Strom- und Spannungskreisen ein gleichseitiges Dreieck mit dem Mittelpunkt in seiner Ebene sein. Da dies nur sehr schwer zu erreichen ist, werden die Vierleiter-Zähler mit 60°-Verschiebung von der Physikalisch-Technischen Reichsanstalt vorläufig zur Beglaubigung nicht zugelassen.

d) Dreileiter-Drehstrom, zwei messende Systeme mit 90°-Verschiebung.

Bei Blindverbrauchszählern, deren beide Systeme entsprechend der Zweiwattmeterschaltung eingerichtet sind und mit 90°-Verschiebung arbeiten, fällt die Schaltung sehr einfach aus, wenn ein Null-

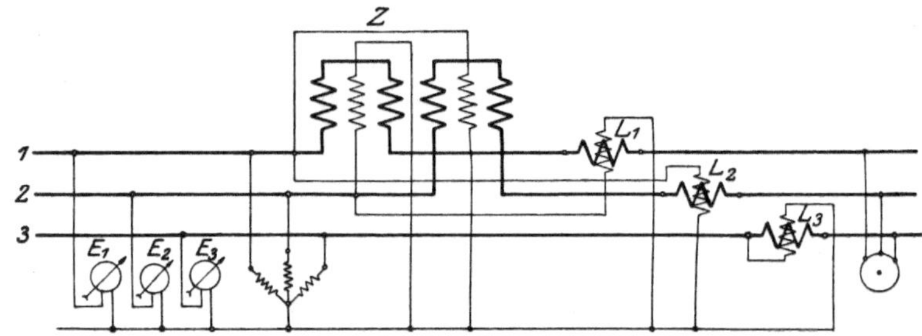

Abb. 85.   Dreileiter-Drehstrom, zwei messende Systeme mit 90°-Verschiebung.

leiter vorhanden ist oder für den Spannungskreis ein künstlicher Nullpunkt hergestellt wird; bei Hochspannungszählern kann man dies an der Niederspannungsseite der Spannungswandler leicht bewerkstelligen. Gegenüber dem Schaltungsschema Abb. 66 oder 68 und dem Diagramm Abb. 64 ergeben sich dann für den Spannungskreis des Zählers folgende Vertauschungen:

$$\text{An Stelle von} \quad E_{31} \text{ tritt} \quad E_2,$$
$$\text{,, \quad ,, \quad ,,} \quad -E_{23} \text{ ,,} \quad -E_1.$$

Die Leistungsmesser werden ebenso angeschlossen wie der Zähler. Die Schaltung ergibt sich aus Abb. 85, die Wirkungsweise aus den Diagrammen Abb. 86. Unter der Annahme gleicher Belastung aller drei Leiter sind die Angaben des Zählers proportional dem Werte:

$$\Phi_{E2} \cdot \Phi_{J1} \cdot - \sin(30^0 - \varphi) + \Phi_{E1} \cdot \Phi_{J2} \cdot \sin(30^0 + \varphi).$$

Da nun bei gleicher Belastung der drei Zweige $\Phi_{E1} = \Phi_{E2}$ und $\Phi_{J2} = \Phi_{J1}$ ist, so werden nach der Ausrechnung der obigen Gleichung die Angaben des Zählers proportional $E_2 \cdot J_1 \cdot \sqrt{3} \cdot \sin\varphi$. Die Übersetzung des Zählwerks wird nun so gewählt, daß es den $\sqrt{3}$ fachen Betrag anzeigt.

Um den richtigen Gesamtwert der Blindleistung zu erhalten, muß man bei der Ablesung des Leistungsmessers folgendes beachten: Die Angaben des Leistungsmessers L_2 sind $E_1 \cdot J_2 \cdot \cos(300^0 + \varphi)$ $= E_1 \cdot J_2 \cdot \sin(30^0 + \varphi)$, sie sind also für alle Werte von φ zwischen

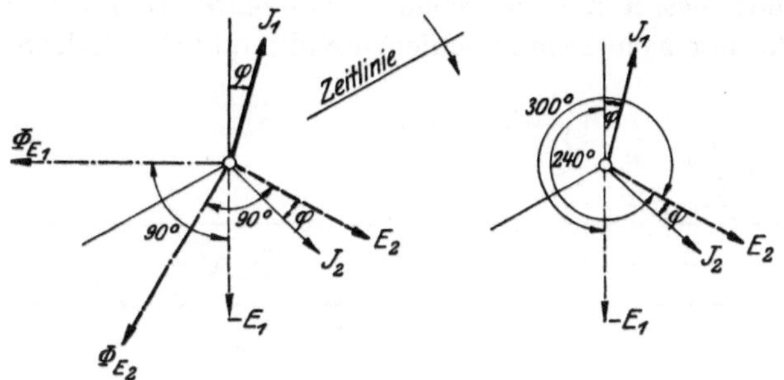

Abb. 86a.   Zähler.   Abb. 86b.   Leistungsmesser.
Diagramme zu Abb. 85.

0^0 und 90^0 positiv. Der Leistungsmesser L_1 dagegen zeigt $E_2 \cdot J_1$ $\cdot \cos(240^0 + \varphi) = E_2 \cdot J_1 \cdot - \sin(30^0 - \varphi)$. Bei $\varphi = 30^0$, also $\cos\varphi = 0,866$ oder $\sin\varphi = 0,5$, wird sein Ausschlag Null; bei $\varphi < 30^0$, also $\cos\varphi > 0866$ wird der Ausschlag negativ. Polt man den Spannungs- oder Stromkreis um, so wird der Ausschlag wieder positiv; den so erhaltenen Ausschlag muß man zu dem des Leistungsmessers L_2 zuzählen und diese Summe noch mit $\sqrt{3}$ multiplizieren.

Die Spannung E_3 legt man zweckmäßig an einen Leistungsmesser L_3, dessen Stromspule man vom Strom J_3 durchfließen läßt. Wenn die drei Spannungen und die drei Ströme untereinander gleich sind, ist der Leistungsfaktor in diesem Leistungsmesser gleich dem der Netzbelastung.

Die Schaltung gilt gleicherweise für direkte Belastung wie für getrennte Strom- und Spannungskreise.

e) Dreileiter-Drehstrom, zwei messende Systeme mit 60°-Verschiebung.

Wenn die beiden in der Zweiwattmetermethode geschalteten Systeme des Blindverbrauchszählers mit 60°-Verschiebung arbeiten, so werden an deren Spannungsspulen in Abänderung der Abb. 66 und 68 folgende Vertauschungen vorgenommen (vgl. auch Abb. 64):

$$\text{An Stelle von} \quad E_{31} \text{ tritt} \quad E_{12},$$
$$,, \quad ,, \quad ,, \quad -E_{23} \quad ,, \quad -E_{31}.$$

Die Schaltung ist in Abb. 87, das Diagramm des Zählers in Abb. 88 dargestellt. Die Angaben des Zählers werden proportional

$$\Phi_{E12} \cdot \Phi_{J1} \cdot -\sin(30^0 - \varphi) + \Phi_{E31} \cdot \Phi_{J2} \cdot \sin(30^0 + \varphi);$$

da gleiche Belastung der drei Leiter angenommen wurde, erhält man nach Ausrechnung der Gleichung die Angaben des Zählers proportional

$$E_{12} \cdot J_1 \sqrt{3} \cdot \sin \varphi = 3 \cdot E_1 \cdot J_1 \cdot \sin \varphi.$$

Die Leistungsmesser müssen genau so geschaltet sein wie in Abb. 85. Dabei stellt man sich einen künstlichen Nullpunkt durch die Spannungs-

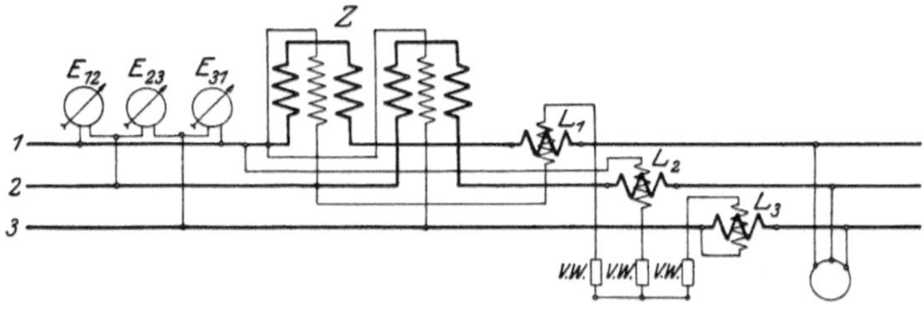

Abb. 87. Dreileiter-Drehstrom, zwei messende Systeme mit 60^0-Verschiebung.

kreise der Leistungsmesser selbst her, indem man auch in Leitung 3 einen Leistungsmesser einschaltet, an dem man den $\cos \varphi$ direkt ablesen kann. Zur Messung benutzt man natürlich nur die Leistungsmesser L_1 und L_2, wobei man deren Angaben mit $\sqrt{3}$ multiplizieren muß, wie unter d ausführlich erläutert wurde. Die verketteten Spannungen müssen ein gleichseitiges Dreieck bilden, damit der Nullpunkt genau in den Mittelpunkt der Ebene des Dreiecks zu liegen kommt. Sind die Spannungen untereinander nicht gleich, so ergeben sich Abweichungen in der gemessenen Leistung, deren Größenordnung aus den von Schering, Schmidt und Scheld angegebenen Zahlen zu ersehen ist[1].

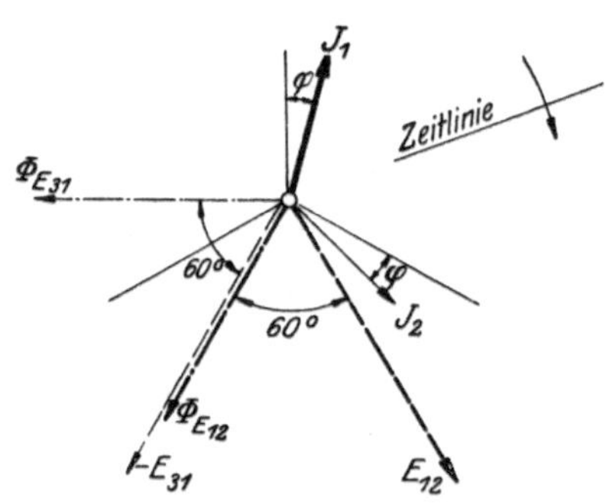

Abb. 88. Diagramm für den Zähler nach Abb. 87.

---

[1] Z. Instrumentenk. 1920, S. 137.

An Stelle der Schaltung mit künstlichem Nullpunkt kann man die Leistungsmesser auch für Wirklastschaltung in der üblichen Zweiwattmeterschaltung anschließen und die Blindlast aus den Angaben errechnen. Diese Schaltung ist jedoch nicht zu empfehlen.

9. Zweileiter-Gleichstrom.

Sowohl bei der Eichung mit getrennten Strom- und Spannungskreisen, als auch bei direkter Belastung werden die gleichen Schaltungen benutzt wie für Einphasenwechselstrom (Abb. 51 und 53). Der Frequenzmesser und der Leistungsmesser kommen natürlich in Fortfall. Die Leistung ist stets gleich dem Produkt aus Strom und Spannung. Als Instrumente benutzt man meist Drehspulinstrumente nach Deprez-d'Arsonval.

10. Dreileiter-Gleichstrom.

a) Zwei Hauptstromspulen, jede in einem Außenleiter, Nebenschlußkreis zwischen den beiden Außenleitern. Abb. 89.

aa) Allgemeines. Nach der Theorie der Gleichstromzähler entsprechen die Angaben dem Produkt aus dem magnetischen Fluß Φ_J, den die festen Spulen erzeugen, und dem Fluß Φ_E, den die bewegliche Ankerwicklung erzeugt. In unserm Fall ist der von den festen Spulen erzeugte Fluß proportional der Summe der beiden Außenleiterströme, der von der

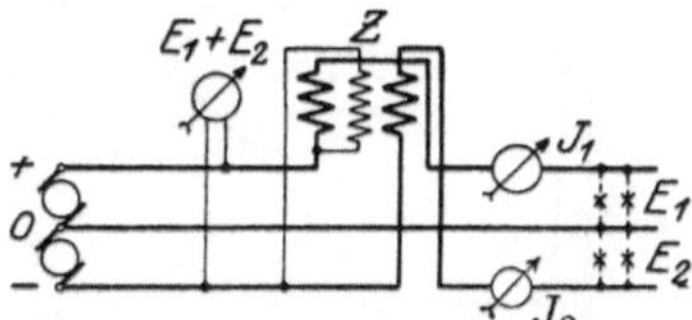

Abb. 89. Dreileiter-Gleichstrom mit zwei Hauptstromspulen, Außenleiterspannung.

beweglichen Ankerwicklung hervorgerufene der Summe der beiden Einzelspannungen. Es sind also die Angaben

$$A = c_1 \cdot \Phi_J \cdot \Phi_E \cdot t = c_2 \cdot (J_1 + J_2)(E_1 + E_2) \cdot t$$
$$= c_2 \cdot (J_1 \cdot E_1 + J_2 \cdot E_2 + J_1 \cdot E_2 + J_2 \cdot E_1) \cdot t.$$

Die Zählwerksübersetzung wird so gewählt, daß $c_2 = {}^1/_2$ ist.
Der wirkliche Verbrauch im Netz ist

$$W = (J_1 \cdot E_1 + J_2 \cdot E_2) \cdot t.$$

Sind die Ströme und die Spannungen unter sich gleich, so wird bei richtig einreguliertem Zähler $A = W$. Auch wenn die Ströme untereinander gleich sind und die Spannungen verschieden oder die Spannungen untereinander gleich und die Ströme verschieden , zeigt der Zähler richtig. Sind jedoch die Ströme und die Spannungen ungleich, dann wird der Fehler

$$F = \frac{A-W}{W} = \frac{J_1 \cdot E_2 + J_2 \cdot E_1 - (J_1 \cdot E_1 + J_2 \cdot E_2)}{2(J_1 \cdot E_1 + J_2 \cdot E_2)}.$$

Grenzfälle: $E_1 = 0$, also auch $J_1 = 0 : F = -\frac{1}{2} = -50\,^0/_0$,

$\qquad\qquad E_2 = 0$, „ „ $J_2 = 0 : F = -\frac{1}{2} = -50\,^0/_0$,

$\qquad J_1 = 0$, alle anderen beliebig: $F = \dfrac{1}{2} \cdot \dfrac{E_1}{E_2} - \dfrac{1}{2}$,

$\qquad J_2 = 0$, „ „ „ $: F = \dfrac{1}{2} \cdot \dfrac{E_2}{E_1} - \dfrac{1}{2}$.

Allgemein: $J_1 > J_2$, $E_1 > E_2 : F = -$

$\qquad\qquad J_1 > J_2$, $E_1 < E_2 : F = +$

$\qquad\qquad J_1 < J_2$, $E_1 > E_2 : F = +$

$\qquad\qquad J_1 < J_2$, $E_1 < E_2 : F = -$

Zahlenbeispiel:

$J_1 = 50$ A., $\quad J_2 = 25$ A., $\quad E_1 = 110$ V., $\quad E_2 = 100$ V., $\quad t = 1$ Stunde.

$A = 7,875$ kWh, $\qquad\qquad W = 8,000$ kWh, $\qquad\qquad F = -1,6\,^0/_0$.

Für verschiedene Verhältnisse $J_1 : J_2$ und $E_1 : E_2$ sind die Fehlerwerte in Abb. 90 in Kurvenform dargestellt.

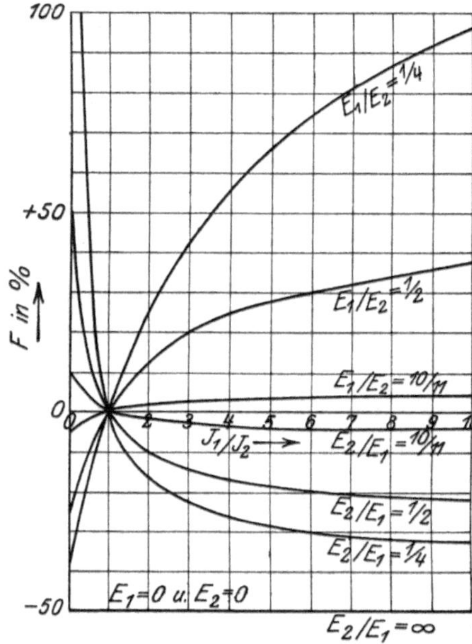

Abb. 90. Kurven der Fehler für Schaltung nach Abb. 89. bei verschiedenen $J_1:J_2$ und $E_1:E_2$.

Aus diesen Betrachtungen ergibt sich, daß man nur mit zwei Gleichstromzählern, deren Spannungsspulen zwischen den Außenleitern und dem Nullleiter liegen, die Arbeit im Dreileiter-Netz einwandfrei messen kann.

ab) Schaltung bei getrennten Strom- und Spannungskreisen. Für die Eichung mit getrennten Strom- und Spannungskreisen läßt man den Nulleiter weg und benutzt eine Zweileiterschaltung, wobei man den gleichen Strom durch beide Hauptstromspulen schickt, so daß sich deren magnetische Flüsse addieren. Als Spannung wählt man eine solche, deren Größe der Außenleiterspannung entspricht.

ac) Schaltung bei direkter Belastung in der Installation. Bei der Eichung mit direkter Belastung in der Installation schaltet man die Strommesser genau wie die Hauptstromspulen des Zählers, den Spannungsmesser genau wie den Spannungskreis des Zählers, Abb. 89. Aus den Ablesungen erhält man:

$$W' = (J_1 + J_2)(E_1 + E_2).$$

Da der Zähler eine solche Zählwerksübersetzung und Eichkonstante hat, daß seine Angaben nur der Hälfte dieses Wertes entsprechen, so muß man bei der Berechnung des Fehlers auch den Wert W' durch 2 dividieren.

Mißt man die Leistung im Netz mit zwei Strom- und zwei Spannungsmessern, so gibt die Summe aller $E \cdot J$ zwar die Leistung im Netz richtig an, ist aber nur dann mit den Angaben des Zählers zwecks Eichung vergleichbar, wenn die beiden Ströme oder die beiden Spannungen untereinander gleich sind.

b) Eine Hauptstromspule in einem Außenleiter, Nebenschlußkreis zwischen den beiden Außenleitern.

Die Angaben des nach Abb. 91 geschalteten Zählers entsprechen

$$A = J_1 \cdot (E_1 + E_2) \cdot t = (J_1 E_1 + J_1 E_2) \cdot t.$$

Der wirkliche Verbrauch im Netz ist

$$W = (J_1 E_1 + J_2 E_2) \cdot t.$$

Also ist der Fehler in den Angaben des Zählers bei Ungleichheiten in den Spannungen und den Belastungsströmen:

$$F = \frac{(J_1 - J_2) \cdot E_2}{J_1 E_1 + J_2 E_2} = \frac{J_1/J_2 - 1}{J_1/J_2 \cdot E_1/E_2 + 1}.$$

Grenzfälle.

$J_1 = 0$ oder J_1 und $E_1 = 0 : F = -1 = -100\%$,
$J_2 = 0 : F = E_2/E_1$ (Stillstand).

Allgemein:

$J_1 > J_2$, alle anderen beliebig: $F = +$
$J_1 < J_2$, ,,   ,,   ,,   : $F = -$

Bei der Eichung wird sowohl bei getrennten Strom- und Spannungskreisen, als auch bei direkter Belastung in der Installation der Strommesser genau so wie die Hauptstromspule, der Spannungsmesser genau so wie der Spannungskreis des Zählers geschaltet.

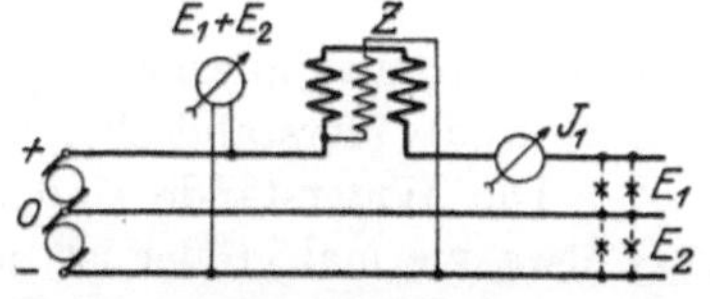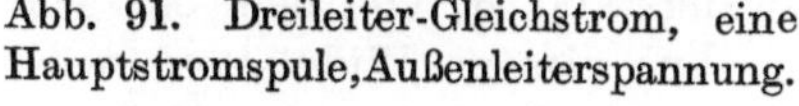
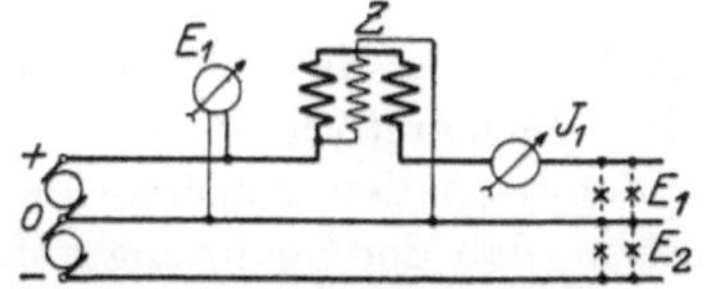

Abb. 91. Dreileiter-Gleichstrom, eine Hauptstromspule, Außenleiterspannung.
Abb. 92. Dreileiter-Gleichstrom, eine Hauptstromspule, Nulleiterspannung.

c) Eine Hauptstromspule in einem Außenleiter, Nenbenschlußkreis zwischen diesem Leiter und dem Nulleiter.

Nur die Arbeit des einen Zweiges des Dreileitersystems wird gemessen, wenn man den Zähler wie einen Zweileiterzähler nach Abb. 92

schaltet. Sein Zählwerk muß so eingerichtet sein, daß es den doppelten Betrag der gemessenen Arbeit anzeigt:

$$A = 2 \cdot J_1 \cdot E_1 \cdot t.$$

Der wirkliche Verbrauch im Netz ist

$$W = (J_1 E_1 + J_2 E_2) \cdot t.$$

Der Fehler bei Ungleichheiten in den Spannungen und Belastungsströmen wird

$$F = \frac{J_1 E_1 - J_2 E_2}{J_1 E_1 + J_2 E_2}.$$

Bleibt die Spannung E_1 aus, wird also der Strom $J_1 = 0$, so steht der Zähler, $F = -100\,^0/_0$. Bleibt die Spannung E_2 aus, wobei auch $J_2 = 0$ wird, dann zeigt der Zähler den doppelten Betrag des Netzverbrauchs an, $F = +100\,^0/_0$. Zwischen diesen beiden Grenzwerten können die Angaben bei Ungleichheiten in den Belastungen schwanken.

Bei der Eichung schaltet man den Strommesser genau so wie die Hauptstromspule, den Spannungsmesser genau so wie den Spannungskreis des Zählers.

VII. Prüfung der Strom- und Spannungswandler.

Es sind eine Anzahl von Meßschaltungen für die Prüfung von Strom- und Spannungswandlern angegeben worden. Die bekanntesten sind die Methoden, bei denen dynamometrische Leistungsmesser benutzt werden[1]). Wir wollen auf diese Methoden nicht näher eingehen, sondern uns im folgenden nur mit den Anordnungen beschäftigen, welche von der Physikalisch-Technischen Reichsanstalt angegeben worden sind und deren Apparatur von den Firmen Hartmann & Braun, Siemens & Halske und Otto Wolff hergestellt werden.

1. Stromwandler.

Abb. 93 zeigt das Schaltungsschema für die Stromwandlerprüfung[2]).

Der Primärstrom J_1 durchfließt den Normalwiderstand N_1, der Sekundärstrom den Normalwiderstand N_2. Die Widerstände sind so bemessen, daß der Spannungsabfall an N_1 etwa viermal größer ist als an N_2. Parallel zu N_1 liegt der Meßwiderstand R, von dem ein Teil r_1 abgegriffen wird. Die Spannung an diesem Widerstand wird gegen die Spannung an den Enden des Normalwiderstandes N_2 kom-

---

[1]) Vgl. z. B. Möllinger: Wirkungsweise der Motorelektrizitätszähler. S. 173.

[2]) Schering und Alberti: Arch. Elektrot. 1914, S. 263. Etwas abweichend davon ist die Ausführung von Hartmann & Braun.

pensiert. Da nun die Spannungen an r_1 und am Normalwiderstand N_2 nicht gleichphasig sind, ist folgende weitere Anordnung vorgesehen: Zu einem Teil des Widerstandes R von der Größe r_2 ist eine veränderliche Kapazität C parallel geschaltet. Durch wechselweises Verändern von r_1 und C bringt man den Ausschlag des Vibrationsgalvanometers VG auf Null. Die Größen der Widerstände sind folgendermaßen gewählt:

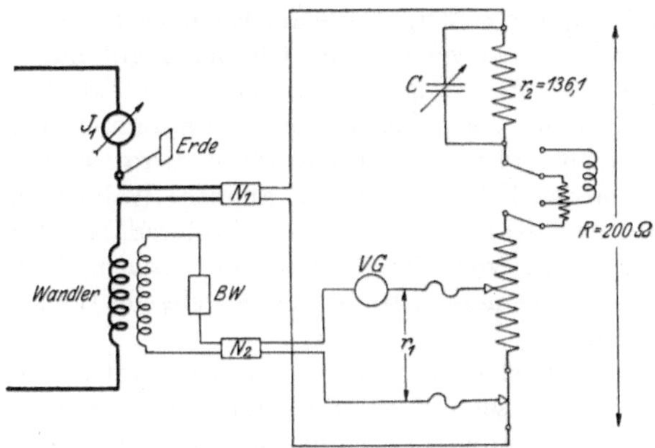

Abb. 93. Prüfung der Stromwandler.

$R = 200$ Ohm, $r_2 = 136,1$ Ohm; C ist ein Dreikurbelkondensator mit 3 Dekaden bis $1\,\mu F$, r_1 setzt sich aus einem Kurbelwiderstand bis 50 oder 100 Ohm und einem Schleifdraht von 0,2 Ohm zusammen. Ist das Galvanometer auf Null gebracht, so gilt folgende Beziehung:

$$J_1 \cdot \frac{N_1 \cdot R}{N_1 + R} \cdot \frac{r_1}{R} \cdot \cos \delta = J_2 \cdot N_2.$$

Das Übersetzungsverhältnis ist dann:

$$U_J = \frac{J_1}{J_2} = \frac{N_2}{N_1} \cdot \frac{R}{r_1} \cdot \left(1 - \frac{N_1}{R}\right) \cdot \frac{1}{\cos \delta}.$$

$\cos \delta$ kann man $= 1$ setzen, weil δ sehr klein ist. Ferner ist in der Regel $\dfrac{N_1}{R}$ verschwindend klein gegen 1.

Es wird demnach annähernd

$$U_J = \frac{N_2}{N_1} \cdot \frac{R}{r_1} = U_\Re \cdot \frac{N_2 \cdot R}{N_1 \cdot U_\Re} \cdot \frac{1}{r_1}.$$

Da nur r_1 veränderlich ist, ergibt sich das Übersetzungsverhältnis aus der Dimension einer Konstanten durch den Widerstandswert r_1. Der Schleifdraht des Widerstandes r_1 hat eine Bezifferung, die außer dem Widerstandswert noch den Wert der Übersetzung oder des Übersetzungsfehlers abzulesen gestattet. Der Stromfehler[1]) ist identisch mit dem Übersetzungsfehler, wenn man die auf Seite 50 gegebenen Definitionen zugrunde legt.

Der Fehlwinkel zwischen den Strömen J_1 und J_2 ergibt sich aus:

$$\tan \delta_J = \frac{r_2^2 \cdot \omega \cdot C}{R} \quad \text{zu} \quad \delta_J = \frac{180 \cdot 60 \cdot r_2^2 \cdot \omega \cdot C}{\pi \cdot R} \text{ Minuten.}$$

ω ist die Kreisfrequenz $= 2\,\pi f$, C die am Kondensator eingestellte Kapazität in Farad. Diese vereinfachte Gleichung gilt nur dann, wenn $(r_2 \omega C)^2$ so klein ist, daß es gegen 1 vernachlässigt werden kann.

Man wählt nun r_2 so, daß bei einer bestimmten Frequenz der Winkel ziffernmäßig gleich der Kapazität C wird; dann kann man am Kondensator den Fehlwinkel direkt ablesen. Wählt man $r_2 = 136{,}1$ Ohm, so wird eine Kapazität von ein Mikrofarad bei der Frequenz 50 einem Fehlwinkel von 100 Minuten entsprechen. Wird bei einer anderen Frequenz f gemessen, so ist der abgelesene Winkel mit $f : 50$ zu multiplizieren.

Ist der Fehlwinkel nicht positiv, sondern negativ, wie dies z. B. bei stark induktiver sekundärer Belastung des Stromwandlers der Fall sein kann, so kommt es vor, daß J_2 um mehr als 180^0 gegen J_1 zurückbleibt und daß also δ negativ wird. Zu diesem Zwecke wird eine kleine Induktionsspule an Stelle eines sonst in dem Meßkreis liegenden Teiles des Widerstandes eingeschaltet, welche so bemessen ist, daß sie einen Phasenabweichungswinkel von $— 50$ Minuten bei der Frequenz 50 hervorruft. Von dem nach der obigen Gleichung berechneten Winkel ist in diesem Falle noch der Betrag von 50 Minuten abzuziehen.

Will man sehr genaue Messungen anstellen, so muß man noch einige Vernachlässigungen, welche bei der Aufstellung der oben angeführten Gleichungen gemacht worden sind, in Rechnung ziehen. Über diese Korrektionen geben die obengenannte Veröffentlichung und die Gebrauchsanweisungen, die die herstellenden Firmen der Apparatur mitgeben, ausführliche Auskunft.

2. Spannungswandler.

Die schematische Anordnung für die Prüfung der Spannungswandler zeigt Abb. 94. Auch hier wird, wie bei der Stromwandlerprüfung, eine Kompensationsschaltung mit Vibrationsgalvanometer benutzt[2]).

Zwischen den Punkten A und B liegt die Hochspannung. Der Punkt B ist sorgfältig geerdet, damit die Hochspannung den mit der

---

[1]) Regeln des Verbandes Deutscher Elektrotechniker für die Bewertung und Prüfung von Meßwandlern: ETZ 1921, S. 209, 212, 836.

[2]) Die folgenden Ausführungen schließen sich eng an die Gebrauchsanweisung der Firma Hartmann & Braun an.

Messung Beschäftigten nicht schädigen kann. Der Hochspannungs-
teiler hat einen hohen Widerstand H, von dem ein kleiner Teil R' abgezweigt ist. Parallel zu diesem Widerstand R' liegt der eigentliche
Meßwiderstand R, welcher denselben Ohmschen Widerstand wie R'
hat. Folgende Größen der Widerstände haben sich als zweckmäßig
erwiesen:

$$H = 50\,000 \text{ Ohm für Spannungen bis 4000 V.,}$$
$$= 500\,000 \text{ Ohm für Spannungen über 4000 bis 22\,000 V.,}$$
$$R' = R = 500 \text{ Ohm.}$$

Der Widerstand R ist nun in eine Anzahl Teile unterteilt, und zwar
kommt von unten gerechnet zunächst ein fester Widerstand von 98 Ohm,
dann ein Schleifdraht von 4 Ohm, so daß also der Widerstand
$r_1 = 100 \pm 2$ Ohm eingestellt werden kann. Ferner ist ein Abzweigpunkt

vorgesehen bei dem
Werte $r_3 = 103{,}4$ Ohm.
Vom letzten Ende des
Widerstandes R ist der
Wert $r_2 = 304{,}4$ Ohm
abgeteilt, zu dem der
Kondensator C parallel
angeschlossen ist. Der
Niederspannungskreis
ist an den Niederspan-
nungsteiler vom Wider-
stand W angeschlossen.
Dieser Widerstand ist mit
verschiedenen Klemmen
versehen, die von ihm
Widerstandswerte ab-
teilen, die dem hundert-
fachen Wert der sekun-
dären Nennspannung

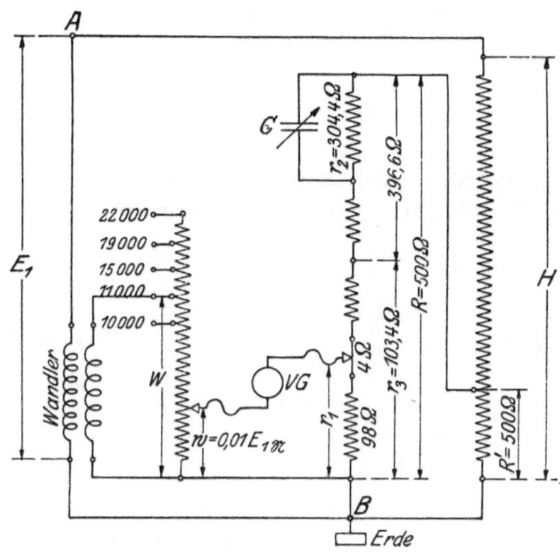

Abb. 94. Prüfung der Spannungswandler.

gleich sind. Ein Teil dieses Widerstandes ist als Doppelkurbelwider-
stand ausgebildet; von ihm wird die Galvanometerleitung abgezweigt.

Im allgemeinen geht die Messung folgendermaßen vor sich: Man
schließt die Niederspannungswicklung des Wandlers an den Teil des
Niederspannungsteilers an, der mit dem hundertfachen Wert der sekundären Nennspannung bezeichnet ist (bei 110 V. also an 11\,000 Ohm),
sodann stellt man die Kurbeln am Niederspannungsteiler so ein, daß
der Wert w gleich dem hundertsten Teil der primären Nennspannung ist
(bei $E_{1\mathfrak{N}} = 6000$ V. also 60 Ohm). Dann bringt man durch wechselweises Verstellen des Schleifkontaktes auf dem Schleifdraht, der
ein Teil von r_1 ist, und der Kurbeln des Kondensators C den

Ausschlag des Vibrationsgalvanometers VG auf Null. Es gilt dann mit praktisch genügender Genauigkeit die Beziehung

$$E_1 \cdot \frac{r_1}{2H} = E_2 \cdot \frac{w}{W},$$

und es wird also

$$E_2 = E_1 \cdot \frac{r_1 \cdot W}{2H \cdot w}.$$

Setzt man noch $W = 100 \cdot E_{2\mathfrak{R}}$, so wird schließlich

$$E_2 = E_1 \cdot \frac{r_1 \cdot 100 \cdot E_{2\mathfrak{R}}}{w \cdot 2H}.$$

Das Übersetzungsverhältnis wird

$$U_E = \frac{E_1}{E_2} = \frac{2H \cdot w}{100 \cdot E_{2\mathfrak{R}} \cdot r_1} = \frac{1000\,w}{E_{2\mathfrak{R}} \cdot r_1} \quad \text{für } H = 50\,000 \text{ Ohm}$$

und

$$U_E = \frac{10\,000 \cdot w}{E_{2\mathfrak{R}} \cdot r_1} \quad \text{für} \quad H = 500\,000 \text{ Ohm.}$$

Der Spannungsfehler (oder der Übersetzungsfehler nach der Definition auf S. 50) in Prozenten berechnet sich in folgender Weise:

$$F_E = \varDelta U_E = \frac{E_2 \cdot U_{\mathfrak{R}} - E_1}{E_1} \cdot 100; \quad \text{da } U_{\mathfrak{R}} = \frac{E_{1\mathfrak{R}}}{E_{2\mathfrak{R}}} \text{ ist,}$$

so wird unter Einsetzung des obigen Wertes für E_2

$$F_E = \frac{r_1}{w} \cdot E_{1\mathfrak{R}} \cdot \frac{5000}{H} - 100.$$

Bei der praktischen Ausführung der Apparatur ist dieser Wert durch die eine Bezifferung der Skala des Schleifdrahtes direkt gegeben, und zwar ist ein positiver Spannungsfehler durch schwarze, ein negativer Spannungsfehler durch rote Farbe gekennzeichnet. Eine zweite blaue Skala gibt den Widerstand r_1 in Ohm an.

Die beschriebene Art der Kompensation ist nur dann möglich, wenn der Spannungsfehler des Wandlers die Grenzen der Skala des Schleifdrahtes von $\pm 1,9\,\%$ nicht überschreitet. Wenn der Spannungsfehler größer ist, wie dies bei den Spannungswandlern der Klasse H vorkommen kann, so stellt man den Schieber des Schleifdrahtes auf $r_1 = 100$ Ohm, also auf den Nullpunkt der Spannungsfehlerskala ein und reguliert zunächst am Widerstand w, von dem vorher eingestellten Werte ausgehend, wechselweise mit dem Kondensator, bis man den Ausschlag des Vibrationsgalvanometers annähernd auf Null gebracht hat. Die genaue Abgleichung wird schließlich durch Verschiebung am Schleifdrahtschieber und am Kondensator vorgenommen. Es wird dann r_1 und w abgelesen und der Spannungsfehler F_E nach der obigen Hauptgleichung berechnet.

Der Winkelfehler wird, wenn er positiv ist, durch folgende Gleichung festgelegt:

$$\tan\delta_E = \frac{r_2^2\cdot\omega\cdot C\cdot\left(H+\dfrac{R}{2}\right)}{2\cdot R\cdot H} = \frac{r_2^2\cdot\omega\cdot C}{2\cdot R},$$

wenn $\dfrac{R}{2}$ klein gegen H ist (z. B. $\dfrac{500}{2}$ gegen $500\,000$). ω ist die Kreisfrequenz $= 2\pi f$, C die am Kondensator C eingestellte Kapazität in Farad. Der Fehlwinkel ist somit

$$\delta_E = \frac{r_2^2\cdot 2\pi f\cdot C}{2\,R}\cdot\frac{180}{\pi}\cdot 60 \text{ Minuten.}$$

Setzt man ein: $r_2 = 304{,}4$ Ohm, $R = 500$ Ohm, und drückt C in Mikrofarad aus, so erhält man

$$\delta_E = 100\cdot C\cdot\frac{f}{50}.$$

Bei der Frequenz $f = 50$ gibt also die hundertfache Ablesung am Kondensator direkt den Fehlwinkel in Minuten an.

Ist der Fehlwinkel negativ, so legt man den Kondensator parallel zu dem Widerstand $r_3 = 103{,}4$ Ohm. Es wird dann

$$\tan\delta_E = -r_2\cdot\omega\cdot C\cdot\left(1-\frac{r_3\cdot\left(H+\dfrac{R}{2}\right)}{2\cdot R\cdot H}\right) = -r_2\cdot\omega\cdot C\cdot\left(1-\frac{r_3}{2\,R}\right),$$

wenn $\dfrac{R}{2}$ klein ist gegenüber H. Unter Einsetzung der Werte für $r_3 = 103{,}4$ Ohm und $R = 500$ Ohm und unter der Voraussetzung, daß C in Mikrofarad ausgedrückt ist, wird schließlich

$$\delta_E = -100\cdot C\cdot\frac{f}{50} \text{ Minuten.}$$

VIII. Einrichtungen und Schaltungen für die Messung besonderer Eigenschaften und Vorgänge.

Wir haben uns bisher nur mit den verschiedenen Einrichtungen und Schaltungen befaßt, die man zur Messung des wirklichen Verbrauchs im Netz und der Angaben des Zählers geschaffen hat, um im Laboratorium, im Eichraum oder in der Installation die Zähler auf die Richtigkeit ihrer Angaben zu prüfen. Es gibt aber außer den meßtechnischen Eigenschaften noch eine große Zahl anderer Eigenschaften, die für die Beurteilung der Güte eines Zählers in mechanischer, magnetischer und elektrischer, und daher insbesondere wirtschaftlicher Hinsicht untersucht werden müssen. Solche Untersuchungen werden in den meisten Fällen auf das Laboratorium beschränkt bleiben, da sie verhältnismäßig viel Zeit und besondere Einrichtungen erfordern. Bei der Wichtigkeit des Gegenstandes erscheint es jedoch angebracht, ausführlich darauf einzugehen.

1. Drehmoment.

a) Kräftemesser mit Torsionsfeder (Federdynamometer). Das Federdynamometer nach Angabe von Stern[1]) wird wohl am häufigsten zur Messung des Drehmoments angewendet. Es ist in Abb. 95 dargestellt. Das eine Ende einer Spiralfeder ist an einem in Spitzen gelagerten Hebel befestigt, das andere an der Achse eines über einer

Abb. 95. Federkräftemesser.

Skalenscheibe drehbaren Reibungszeigers. Der mit einem geränderten Knopf versehene Zeiger ist in der Abbildung oben zu sehen, die Skala, auf deren Teilstriche er eingestellt werden kann, ist in der Abbildung von ihrem Platze weggenommen und rechts unten zu sehen. Der in Spitzen gelagerte Hebel greift mit seinem Ende direkt am Umfang

---

[1]) ETZ 1902, S. 777.

der Zählerbremsscheibe vermittels eines auf diese aufgesetzten Reiters oder indirekt vermittels eines um die Zählerscheibe sich herumlegenden Fadens an. Mit einer an ihm angebrachten Spitze spielt er über der Skala. Vor der Messung steht sowohl diese Spitze als auch der vorhin genannte Reibungszeiger auf dem Nullpunkt der Skala. Wirkt die zu messende Kraft auf den Hebel, so dreht man den Reibungszeiger so lange, bis die Hebelspitze auf den Nullpunkt der Skala zeigt. Der Reibungszeiger gibt auf der Skala den Torsionswinkel der Spiralfeder an, dem die gemessene Kraft proportional ist.

Das Instrument muß mit einem Normaldynamometer oder durch Gewichte geeicht werden. Man mißt mit dem Instrument die am Umfang der Zählerbremsscheibe auftretende Zugkraft. Diese multipliziert man mit dem halben Durchmesser der Zählerscheibe und erhält so das Drehmoment des Zählers bei der jeweiligen Belastung.

Eine Abart dieses Instruments mit horizontal liegender Drehachse stellen die S.S.W. her[1]).

b) Pendel-Kräftemesser. Auf dem Prinzip des Kräfteparallelogramms beruht das Dynamometer von Agnew[2]), Abb. 96. Ein 1 m langer feiner Faden ist über die verstellbare Brücke B, die eine Schneide P zur genauen Festlegung des Aufhängepunkts trägt, zu einem mit Reibung im Gestell befestigten Knebel A geführt, durch dessen Drehung der Faden verlängert und verkürzt werden kann. Am langen

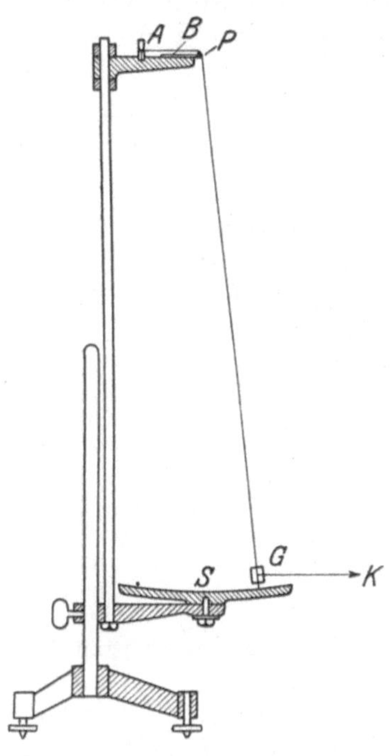

Abb. 96. Pendelkräftemesser.

Ende des Fadens hängt ein Gewicht G, das an seinem unteren Ende eine feine Spitze trägt, die über der Kugelfläche S spielt. Die Kugelfläche ist mit konzentrischen Kreisen versehen, deren Teilung der Tangente des Winkels α entspricht, den der Faden mit der Senkrechten bildet. Denn nach dem Kräfteparallelogramm ist die das Gewicht G von der Senkrechten um den Winkel α ablenkende Kraft

$$K = G \cdot \tan\alpha.$$

---

[1]) Es ist bei H. W. L. Brückmann: Elektrizitätszähler, S. 193, abgebildet. Leipzig: Leiner 1914.

[2]) Bull. of the Bureau of Standards. Vol. 7, Nr. 1 (1910). — El. Review, Chicago, Bd. 57, S. 375.

Das Gewicht G kann durch verschiedene Zusatzgewichte von 0,5 auf 1, 2, 5, 10, 20 g gebracht werden.

Eine Eichung des Instruments ist nicht nötig, wenn die Länge des Fadens von dem Aufhängepunkt P bis zum Angriffspunkt der Kraft K genau 1 m gemacht und vor der Messung die Spitze des Gewichts auf dem Nullpunkt der sphärischen Skala eingestellt wird.

c) Kräftemesser nach dem Kräfteparallelogramm. Ein Dynamometer nach dem Kräfteparallelogramm mit Rückführung auf die Nullstellung ist in Abb. 98 dargestellt[1]), das Prinzip zeigt Abb. 97. Die drei Fäden a, b, c sind in dem Punkt A miteinander verknüpft.

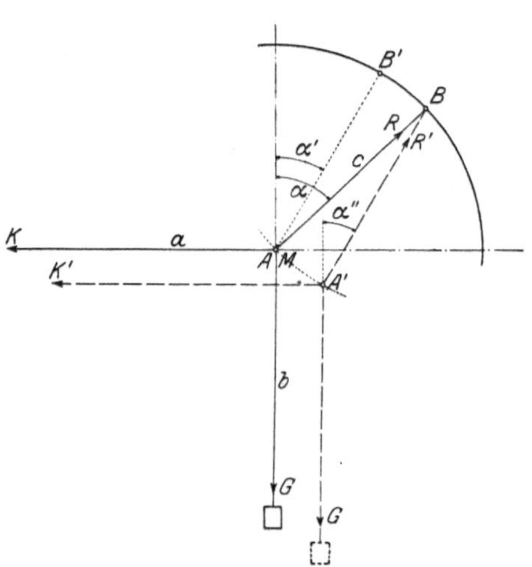

Abb. 97.   Kräfteparallelogramm.

Am Faden a greift die zu messende Kraft K an, am Faden b hängt das Gewicht G; der Faden c, der die resultierende Reaktion R aufnimmt, kann mit seinem Ende B auf einer Kreisbahn verschoben werden. Bei richtiger Einstellung soll der Punkt A mit dem Mittelpunkte M dieser Kreisbahn zusammenfallen. Wenn K und G rechtwinklig aufeinander stehen, ist

$$K = G \cdot \tan\alpha.$$

Die ausgezogenen Linien der Abb. 97 zeigen diese Stellung. Ändert sich nun die Kraft K in K', so bewegt sich der Punkt A nach A', wenn man dasselbe Gewicht G beibehält. Man verstellt dann B so lange auf der Kreisbahn, bis A' mit M zusammenfällt, was dann geschieht, wenn B bis B' gewandert ist. Dann erhält man $K' = G \cdot \tan\alpha'$. Der in der Abb. 97 eingezeichnete Winkel α'' deckt sich mit α', wenn der Angriffspunkt der Kraft K oder K' so weit von M entfernt ist, daß bei den vorkommenden Verschiebungen der Faden a praktisch horizontal bleibt.

Bei dem in Abb. 98 nach diesem Prinzip ausgeführten Apparat dient die Schraube o zur Grobverstellung, die Mutter u zur Feinverstellung in vertikaler Richtung auf der Stange p. Nach Lösung der Schraube q kann man den Apparat um die Achse der Stange p schwenken; mit der Schraube t verschiebt man ihn in horizontaler Richtung. Das Gewicht G der Schale d am Faden b beträgt etwa 1 g und kann durch

---

[1]) Schmiedel: Z. Instrumentenk. 1913, S. 373. Der Apparat wird von den mechanischen Werkstätten E. Marawske, Berlin C 54, Linienstr. 214, hergestellt.

Auflegen von Gewichten beliebig erhöht werden. Die Stellung des
Fadens c auf der zweiseitig ausgebildeten Tangentenskala k liest man
an dem Zeiger m ab. Bei der Messung verschiebt man den Faden c,
indem man nach Lösung der bei g sichtbaren Feststellschraube am
Handgriff h so lange verstellt, bis der Knotenpunkt der Fäden $a\ b\ c$

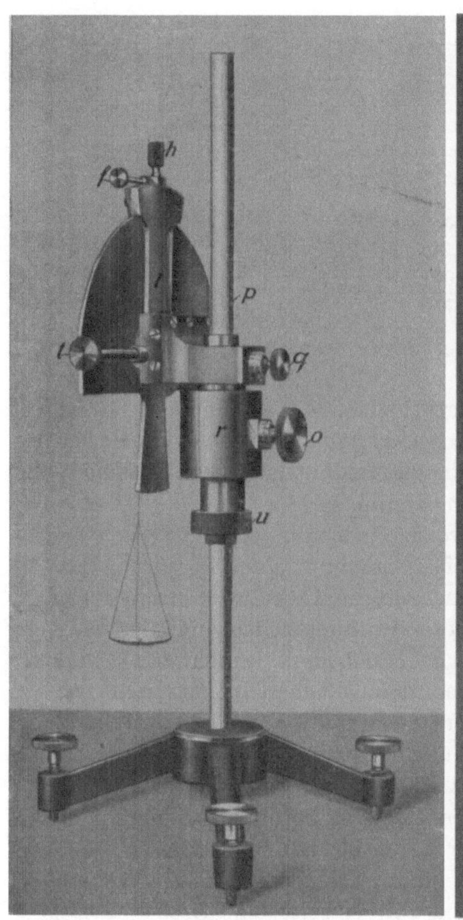

Abb. 98. Kräftemesser nach dem Kräfteparallelogramm.

mit dem Kreuzungspunkt zweier auf dem Spiegel S eingeätzter feiner
Striche zusammenfällt.

Eine Eichung ist bei diesem Apparat nicht notwendig. Man muß
vor Beginn der Messung nur dafür sorgen, daß die Länge des Fadens c
richtig eingestellt ist und daß bei der Nullstellung des Zeigers die
in die Senkrechte fallenden Fäden c und b mit der auf der Skalenscheibe eingerissenen Linie genau zusammenfallen.

8*

Es bleibt nun nur ein Hinweis darauf, wie man das Gewicht der Wagschale mitsamt dem des Fadens b mit dem Instrument selbst bestimmen kann. Man läßt an dem Faden a beide Male dieselbe Kraft K angreifen und legt in die Schale zwei verschiedene Gewichte G_1 und G_2; dann erhält man, wenn X das Gewicht der Wagschale mit den Fäden ist, die beiden Messungen:

$$1.\ K = (X + G_1) \cdot \tan \alpha_1,$$
$$2.\ K = (X + G_2) \cdot \tan \alpha_2,$$

also

$$X = \frac{G_2 \cdot \tan \alpha_2 - G_1 \cdot \tan \alpha_1}{\tan \alpha_1 - \tan \alpha_2}.$$

Zahlenbeispiel:

$$G_1 = 1{,}0 \text{ g} \quad \tan \alpha_1 = 1{,}10,$$
$$G_2 = 2{,}0 \text{ g} \quad \tan \alpha_2 = 0{,}75,$$
$$X = \frac{2{,}0 \cdot 0{,}75 - 1{,}0 \cdot 1{,}10}{1{,}10 - 0{,}75} = 1{,}14 \text{ g}.$$

Die Meßgenauigkeit beträgt bei der Messung von Kräften von 0,2 bis 50 g etwa 1 %.

d) Kräftemesser nach dem Wageprinzip. Es sei noch ein Kräftemesser erwähnt, der auf dem Prinzip der Wage beruht und der den Vorzug hat, daß er zusammenlegbar ist und in einer verhältnismäßig kleinen Hülse transportiert werden kann. Er ist von der General Electric Company herausgebracht worden[1]). Wie Abb. 99 zeigt, wird an der Zählerwelle A ein Hebel h festgeklemmt, der in gleichen Abständen mit Ösen o_1, o_2, o_3, o_4 versehen ist. Diese werden durch ein an den Enden mit Haken versehenes Zwischenstück z mit der Wägevorrichtung verbunden. Die Wägevorrichtung besteht aus einem Rohr r, in dem eine Drehachse d mit dem Wagebalken w angebracht ist. Mit derselben Achse ist ein senkrecht zum Wagebalken w stehender Arm a fest verbunden, der an dem aus dem Rohr herausragenden' Ende mit Ösen p_1, p_2, p_3 versehen ist, in die der Haken des Zwischengliedes z eingehängt werden kann. Am unteren in das Rohr r hineinragenden Ende läuft er in eine Zeigerspitze x aus, die über einer fest mit dem Rohr r verbundenen Skala s spielen kann. Zur Veränderung des Meßbereichs kann man das Zwischenglied z in verschiedene Ösen o oder p einhaken. Das Laufgewicht l, das gegen andere ausgewechselt werden kann, dient zum annähernden Abgleichen. Zur genauen Ablesung dient die Skala s. Das Instrument ist so gebaut, daß alle Teile in dem Rohr r untergebracht und leicht transportiert werden können.

e) Automatische Vorrichtung zur Aufzeichnung des Drehmoments über den ganzen Umfang, insbesondere für Amperestundenzähler. Bei Gleichstrom-Amperestundenzählern schwankt das Drehmoment bei

---

[1]) Portable torque balance, Bulletin Nr. 4331, June, 1903.

verschiedenen Ankerstellungen sehr erheblich. Besonders in den Wende-
punkten der Drehmomentkurve hält es schwer, eine stabile Einstellung des Kräftemessers zu erhalten. Alberti[1]) hat deshalb eine
Vorrichtung geschaffen, die es gestattet, in jeder Ankerstellung das
Drehmoment nicht nur zu messen, sondern auch selbsttätig aufzu-

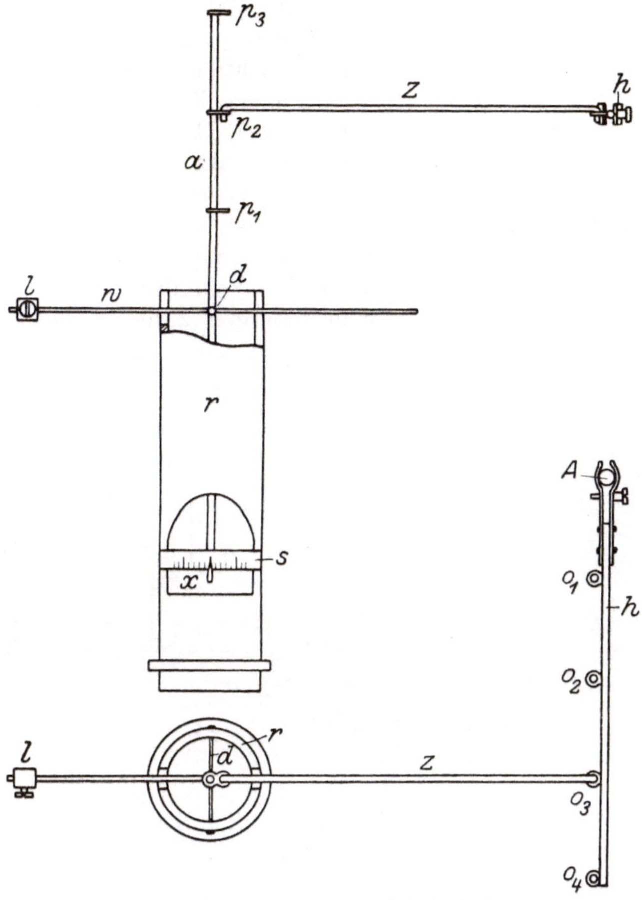

Abb. 99. Kräftemesser nach dem Wageprinzip.

zeichnen. Abb. 100 zeigt das Prinzip der Anordnung. Der Vorgang bei
der Messung spielt sich folgendermaßen ab: Man schaltet den Strom
des Zählers g ein, die Scheibe b fängt an, sich zu drehen. Der Faden f
wird angezogen oder losgelassen, je nachdem ob die Umfangskraft
an der Scheibe b größer oder kleiner ist als die Kraft der am Hebel h

---

[1]) ETZ 1916, S. 285. Dort sind auch eine größere Anzahl von mit dem
Apparat aufgenommenen Kurven wiedergegeben.

angreifenden Spiralfeder. Berührt der Hebel h den Kontakt q_1, so wird der Motor m derart gesteuert, daß er das Zahnrad z in einer solchen Richtung antreibt, daß die Federkraft vergrößert wird; berührt er den Kontakt q_2, so wird der Motor umgesteuert und verkleinert die Feder-kraft. Der Bewegung des Zahnrades z entspricht der Hub des mit ihm durch die Zahnstange st gekuppelten Schreibstiftes sch. Ist in einer der beiden Richtungen das Gleichgewicht zwischen den Zugkräften erreicht, so pendelt der Hebel h zwischen den beiden Kontakten q_1 und q_2 hin und her. Je kleiner die Entfernung der Kontakte ist, desto geringer sind die Pendelbewegungen des Hebels h und damit des Schreibstiftes sch. Bewegt man nun den Zähler g langsam auf seiner Gleitbahn c und gleichzeitig da-mit den Registrierstreifen r, so wird

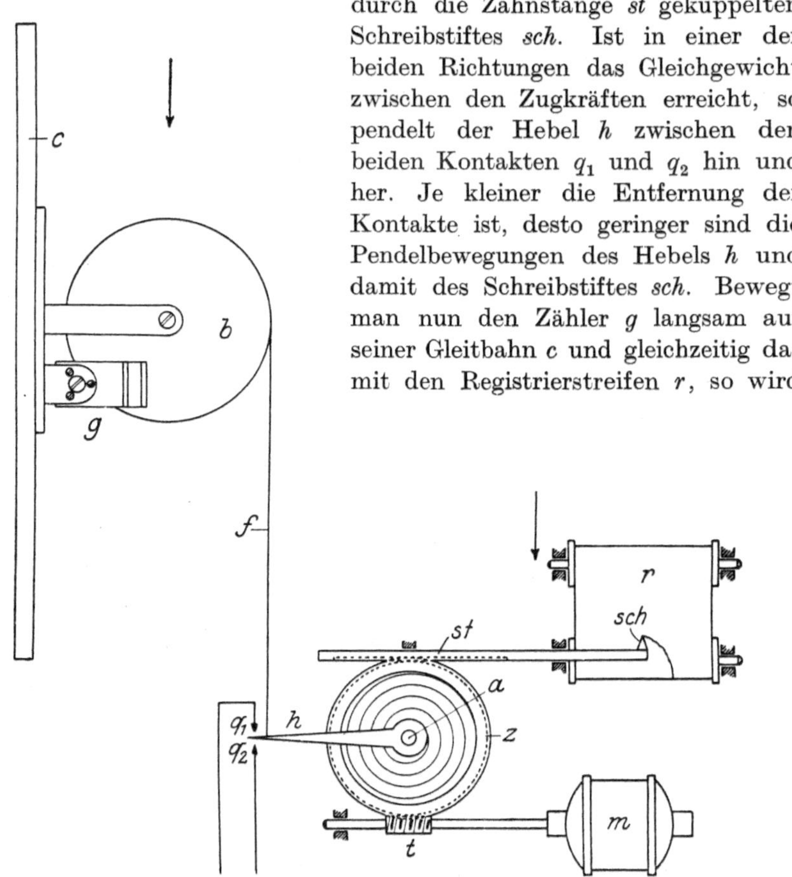

Abb. 100. Automatische Zugkraftmessung.

auf diesem der Verlauf des Drehmoments in Abhängigkeit von der Ankerstellung als Zickzackkurve aufgezeichnet, deren Zacken um so kleiner sind, je geringer die Pendelbewegung des Hebels h ist.

f) Bestimmung des Drehmoments durch Rechnung aus der elektrisch zugeführten Leistung. Bei Gleichstrom-Amperestundenzählern kann man nach v. Krukowski[1] das mittlere Drehmoment bei Bewegung

---

[1] Möllinger: Wirkungsweise der Motorzähler und Meßwandler. S. 72. Berlin: Julius Springer 1917.

und Stillstand aus der elektrisch zugeführten Leistung bestimmen. Die vom Anker in mechanische Leistung umgewandelte elektrische Leistung ist

$$E_a \cdot J_a = D \cdot 2\,\pi\,n \cdot 10^{-7}\,\mathrm{W}.$$

Dabei ist E_a die Gegen-EMK des Ankers in Volt, die man aus der Differenz der Klemmenspannung und dem Ohmschen Spannungsabfall berechnen kann; J_a der Ankerstrom in Ampere; n die zu den elektrischen Größen gehörende sekundliche Umdrehungszahl. Diese drei Größen bestimmt man und kann daraus das Drehmoment D in Dyn cm finden. Um es in gcm zu erhalten, dividiert man noch durch 981, die Beschleunigung durch die Erdschwere in $\mathrm{cm \cdot s^{-2}}$. Von dem so gemessenen Drehmoment muß man noch das Reibungsmoment abziehen[1]).

Das mit dieser Methode im Bewegungszustande gemessene Drehmoment ist etwas kleiner als das mit den oben beschriebenen Methoden bei Stillstand gemessene. Und zwar ist das mittlere Drehmoment bei Stillstand im Verhältnis $J_0 : J_a$ größer als das bei Bewegung gemessene. Dabei bedeutet J_0 den Ankerstrom bei Stillstand und der gleichen Klemmenspannung, bei der der Ankerstrom J_a bei Bewegung vorhanden ist.

2. Reibung.

a) Auslaufmessungen. Die Kenntnis der Reibung der Lager, des Zählwerks und der Bürsten ist bei allen Zählern von großer Wichtigkeit. Es hängt davon nicht nur die Gestalt der Fehlerkurve bei neuen Zählern ab, sondern auch die Größe des Verschleißes. Die Untersuchungen werden sich daher nicht nur auf neue Modelle zu erstrecken haben, sondern auch auf Zähler, die längere Zeit unter bestimmten äußeren Verhältnissen im Betriebe waren.

Zur Bestimmung der Reibung eignet sich besonders die im Maschinenbau oft angewandte Auslaufmethode[2]). Sie hat den Vorzug, daß man die Reibung direkt als solche messen kann. Bei der Messung geht man folgendermaßen vor: Man entfernt die Bremsmagnete und schaltet seine Stromkreise aus, damit keine Felder entstehen können, die zusammen mit kurzgeschlossenen Leitern bremsend wirken würden. Dies ist auch bei dynamometrischen Gleichstromzählern zu beachten, deren Anker geschlossene Wicklungen haben. Nun bringt man den Anker des Zählers durch Anstoßen mit einem feinen Haarpinsel oder durch Anblasen mit einem Luftstrahl auf eine Tourenzahl, die etwas über der

---

[1]) S. folgendes Kapitel.
[2]) Schmiedel: Verhandl. d. Vereins z. Beförderung des Gewerbefleißes. 1910, S. 571; 655; 1911, S. 111. Elektrotechnik und Maschinenbau Wien. 1911, S. 955, 978.

Vollasttourenzahl liegt und läßt ihn auslaufen. Während des Auslaufs wird beim jedesmaligen Vorbeigehen einer auf der Zählerbremsscheibe angebrachten Marke an einer feststehenden Marke der Taster eines Doppelzeitschreibers (S. 57) niedergedrückt, wodurch auf dessen in Bewegung befindlichem Papierstreifen eine Marke entsteht. Läuft der Anker sehr rasch, so wird man nach je zwei oder vier Durchgängen der beweglichen an der festen Marke den Taster niederdrücken. Der Papierstreifen des Doppelzeitschreibers zeigt dann nebeneinander die Sekundenmarken der Normaluhr und die Umdrehungsmarken. Die Auswertung wird in der weiter unten geschilderten Art vorgenommen. Hat man genügende Übung, so kommt man auf diese einfache Weise zu brauchbaren Resultaten. Bequemer ist es, wenn man eine der oben (S. 60) beschriebenen automatischen Zählvorrichtungen zur Verfügung hat. So haben z. B. Fitch und Huber[1]) bei ihren Reibungsmessungen an amerikanischen Zählern die Methode der überspringenden Funken mit gutem Erfolg benutzt.

Will man aus den so gewonnenen Auslaufkurven, die die Umdrehungen als Funktion der Zeit, $u = f(t)$ darstellen, das Drehmoment der Reibung berechnen, so hat man noch die im folgenden beschriebenen Überlegungen zu machen. Es gilt die Beziehung: Drehmoment der Reibung = Trägheitsmoment der rotierenden Ankermasse × Winkelverzögerung

$$D_R = K \cdot \frac{d\omega}{dt} \cdot \frac{1}{981} = K \cdot 2\pi \cdot \frac{d^2 u}{dt^2} \cdot \frac{1}{981} \text{ gcm}^2).$$

Man muß also die zweite Ableitung der aufgenommenen Kurve $u = f(t)$ nach der Zeit bilden und das Trägheitsmoment des Ankers bestimmen. Außerdem muß man die erste Ableitung $\frac{du}{dt}$ kennen, weil man die Abhängigkeit des Drehmoments der Reibung von den sekundlichen Umdrehungen des Ankers $n = \frac{du}{dt}$ sucht.

Man kann die Auslaufkurven auch dadurch aufnehmen, daß man bei abgenommenem Bremsmagnet den Zähler durch Erregung des Hauptstrom- und Spannungskreises auf verschiedene konstante Tourenzahlen bringt, diese zählt, dann den Strom in beiden Kreisen abschaltet und die Zeit vom Abschalten bis zum Stillstand des Ankers mißt. Diese von H. W. L. Brückmann[3]) angegebene Methode hat jedoch den Nachteil, daß sowohl die konstante Tourenzahl als auch der Stillstandspunkt nicht sehr exakt bestimmt werden können. Immerhin

---

[1]) Bull. of the bureau of standards. Vol. 10, 1913.

[2]) 981 ist die Beschleunigung durch die Erdschwere in cm·s^{-2}, die eingesetzt werden muß, weil das Trägheitsmoment in cm^2 × g Masse bestimmt wird.

[3]) Elektrot. Zeitschr. 1910, S. 861.

hat man bei ihr den Vorteil, daß man sofort die sekundlichen Umdrehungen als Funktion der Zeit erhält.

Graphische Auswertung. Rein graphisch kann man die Auslaufskurven $u = f(t)$ folgendermaßen auswerten: Man zeichnet die aufgenommene Kurve $u = f(t)$ in möglichst großem Maßstab auf Millimeterpapier; dabei sollte man darauf achten, daß der Maßstab so gewählt wird, daß die Steigung der Kurve in dem meist interessierenden Teil um 45° gegen die Abszissenachse geneigt verläuft, Abb. 101. Dann zieht man eine Schar von strahlenförmigen Geraden so, daß die

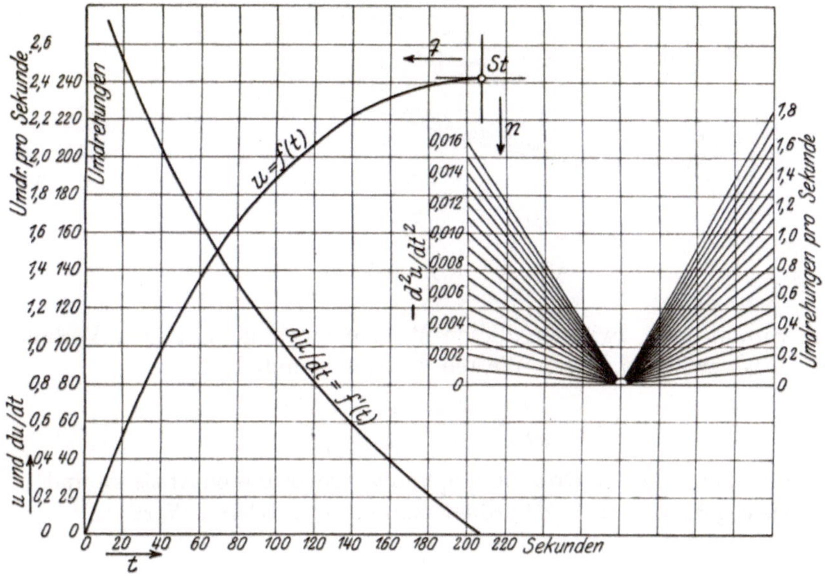

Abb. 101. Auslaufkurve.

trigonometrischen Tangenten ihrer Winkel α mit der Abszissenachse bestimmten Werten der sekundlichen Ankerumdrehungen entsprechen:

$$k \cdot \tan\alpha = \frac{du}{dt} = 0{,}1,\ 0{,}2,\ 0{,}3 \ldots$$

Durch Parallelverschiebung eines Lineals findet man die Berührungspunkte der Tangenten mit der gezeichneten Kurve $u = f(t)$ und daraus die den Tangenten zugeordneten Abszissenwerte t. Nun zeichnet man die gleichfalls in Abb. 101 ersichtliche Kurve $du/dt = f'(t)$ und wiederholt das beschriebene graphische Verfahren, so daß man $-d^2u/dt^2 = f''(t)$ erhält. Diese Werte multipliziert man mit $2\pi K : 981$ und trägt sie als Funktion der zugeordneten du/dt auf. So erhält man die Reibungskurve $D_R = f(du/dt)$, Abb. 102. Die Methode hat den Nachteil, daß sie sehr mühsam ist, wenn man gute Resultate erzielen will.

Die Kurven müssen sehr sorgfältig gezogen werden. Die Bestimmung der Berührungspunkte der Tangenten erfordert viel Geduld und Übung.

Auswertung durch Differenzenbildung. Greift man einen kleinen Teil der Kurve $u = f(t)$ zwischen den Werten u_a und u_b heraus

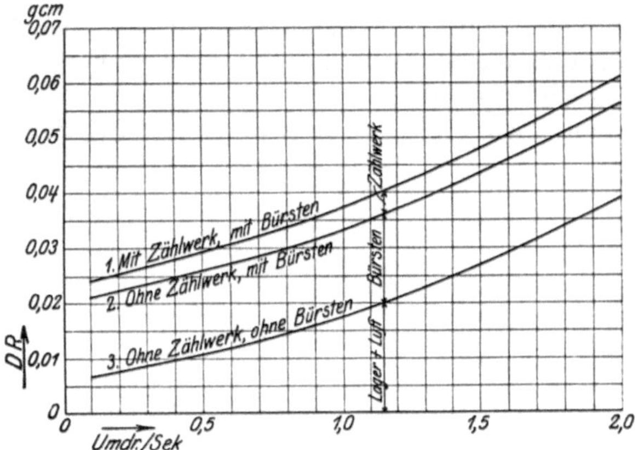

Abb. 102. Reibungskurven.

und nimmt man zwischen diesen Werten einen geradlinigen Verlauf an, so ist zwischen diesen Werten die Geschwindigkeit

$$\frac{du}{dt} \sim \frac{\Delta u}{\Delta t} = \frac{u_b - u_a}{t_b - t_a},$$

wobei t_b und t_a die den Ordinaten u_b und u_a zugeordneten Abzissen sind[1]).

Dem gefundenen du/dt ordnet man einen mittleren Wert

$$t_m = \frac{t_a + t_b}{2}$$

zu. Bei der praktischen Anwendung der Methode muß man eine Anzahl Kunstgriffe anwenden, die in der angezogenen Arbeit ausführlich zahlenmäßig behandelt sind.

Vereinfachte Auslaufmethode. Für viele Zwecke wird die vereinfachte Auslaufmethode von Hommel[2]) genügen, die allerdings nicht sehr genau ist. Multipliziert man die Bewegungsgleichung des auslaufenden Ankers $D_R = K \cdot \dfrac{d\omega}{dt}$ auf beiden Seiten mit ω, so kann man sie in eine Arbeitsgleichung verwandeln:

$$D_R \cdot \omega \cdot dt = K \cdot \omega \cdot d\omega \cdot \frac{1}{981}.$$

---

[1]) Eingehende Beweisführung siehe Schmiedel: Verhandl. d. Vereins z. Bef. des Gewerbefl. 1910, S. 574.
[2]) El. u. Maschinenb. Wien 1920, S. 81.

Da man die linke Seite der Gleichung nicht integrieren kann, weil die gesetzmäßige Abhängigkeit des Drehmoments D_R und der Winkelgeschwindigkeit von der Zeit nicht bekannt ist oder zum mindesten zu einer komplizierten Darstellung führen würde, so ersetzt man das Produkt $D_R \cdot \omega$ durch das Produkt aus dem mittleren Reibungsmoment M_R und der mittleren Winkelgeschwindigkeit ω_m und kommt so auf die Gleichung

$$M_R \cdot \omega_m \cdot dt = K \cdot \omega \cdot d\omega \cdot \frac{1}{981}.$$

Die Integration ergibt

$$M_R \cdot \omega_m \cdot t = K \cdot \frac{\omega_1^2}{2} \cdot \frac{1}{981}\ \text{gcm}.$$

ω_1 ist dabei diejenige Winkelgeschwindigkeit, die der Anker zu Beginn des Auslaufversuches hat, t die gesamte Auslaufzeit. Die Gleichung bedeutet, daß die gesamte Reibungsarbeit während des Auslaufversuches gleich der kinetischen Energie des Ankers bei Beginn des Auslaufversuches ($t = 0$) ist.

Wählt man ω_1 nicht zu groß, so kann man die gering gekrümmte Auslaufkurve durch eine gerade Linie ersetzen und $\omega_m = \dfrac{\omega_1}{2}$ schreiben. Es ist dann

$$M_R = \frac{K \cdot \omega_1}{t} \cdot \frac{1}{981}\ \text{gcm}.$$

Dieser Wert gibt ein gutes Maß für die Größenordnung des Reibungsmomentes. Mit dieser Methode kann man die Trennung der Verluste vornehmen.

Rechnerische Auswertung. Fitch und Huber[1]) haben es mit Erfolg versucht, die Auslaufkurve $u = f(t)$ in eine Gleichung zu bringen und diese Gleichung durch Differentiation rein rechnerisch auszuwerten. Sie betrachten die Auslaufkurve zu dem Zweck von „rückwärts", d. h. sie setzen den Fall, daß der Zähler vom Stillstand aus sich bis zu einer bestimmten Umdrehungszahl beschleunigt. Die gewollte Kurve ergibt sich z. B. aus Abb. 101, wenn man den Stillstandspunkt St als Koordinatenanfangspunkt betrachtet und das Buch umdreht, so daß die bei richtiger Lage des Buches auf dem Kopf stehenden Ordinatenbezeichnungen u und t aufrecht zu stehen kommen. Diese Kurve soll sich durch die Gleichung

$$u = a t^2 + b t^4$$

ausdrücken lassen. Um die Konstanten a und b zu finden, muß man

---

[1]) Vgl. oben S. 120.

die zwei verschiedenen Umdrehungszahlen der Kurve entsprechenden Gleichungen lösen:

$$u_1 = a\,t_1{}^2 + b\,t_1{}^4$$
$$u_2 = a\,t_2{}^2 + b\,t_2{}^4 .$$

Er ergibt sich:

$$a = \frac{u_1\,t_2{}^4 - u_2\,t_1{}^4}{t_1{}^2 t_2{}^4 - t_1{}^4 t_2{}^2}$$

$$b = \frac{u_2\,t_1{}^2 - u_1\,t_2{}^2}{t_1{}^2 t_2{}^4 - t_1{}^4 t_2{}^2} .$$

Die sekundlichen Umdrehungen sind

$$\frac{du}{dt} = 2\,at + 4\,bt^3$$

und das Drehmoment ergibt sich zu

$$D_R = K \cdot 2\pi \cdot \frac{d^2u}{dt^2} \cdot \frac{1}{981} = \frac{2\pi K}{981}(2\,a + 12\,bt^2)\ \text{gcm}.$$

Bestimmung des Trägheitsmoments des Ankers. Das Trägheitsmoment des Ankers bestimmt man am einfachsten durch zwei Schwingungsversuche. Man hängt den Anker vermittels einer das obere Achsenende umfassenden Klemmvorrichtung an einen etwa 2 m langen Stahldraht von etwa 0,2 mm Durchmesser auf und läßt ihn hin und her schwingen. Man zählt eine Anzahl von Vorbeigängen der auf dem Anker angebrachten Marke an einer festen Marke (indem man bei „Null" zu zählen anfängt) und bestimmt die zugehörige Zeit. Die daraus ermittelte Zeit zwischen zwei Vorbeigängen ist die Schwingungsdauer τ_1[1]). Man macht einen zweiten Schwingungsversuch unter Zufügung eines Zusatzringes von bekanntem Trägheitsmoment K_R, den man konzentrisch zur Drehachse auf die Bremsscheibe des Zählers auflegt und bestimmt die Schwingungsdauer τ_2. Das Trägheitsmoment des Ankers berechnet sich dann zu

$$K = K_R \cdot \frac{\tau_1{}^2}{\tau_2{}^2 - \tau_1{}^2} .$$

Ist das Trägheitsmoment der Klemmvorrichtung nicht zu vernachlässigen, so muß man noch einen dritten Schwingungsversuch mit der Klemmvorrichtung allein machen, wobei sich die Schwingungsdauer τ_3 ergibt. Dann ist

$$K = K_R \cdot \frac{\tau_1{}^2 - \tau_3{}^2}{\tau_2{}^2 - \tau_1{}^2} .$$

---

[1]) Für sehr genaue Schwingungsmessungen vergleiche man Kohlrausch: Lehrbuch der praktischen Physik. 14. Aufl. Leipzig: Teubner 1923.

Zur Berechnung des Trägheitsmoments des Zusatzringes (der an allen Stellen die gleiche Dicke haben und dessen Material homogen sein muß) mißt man seinen äußeren und inneren Radius, r_a und r_i, in cm und bestimmt durch Wägung seine Masse in g. Das Trägheitsmoment des Ringes ist dann

$$K_R = \frac{1}{2} \cdot m \cdot (r_i^{\,2} + r_a^{\,2}) \text{ gcm}^2.$$

Kann man aus irgendeinem Grunde den Anker nicht aus dem Zähler entfernen, so macht man zwei Auslaufversuche unter folgenden Bedingungen: An den Spannungskreis des Zählers legt man eine Spannung, die etwa den fünften Teil der Nennspannung beträgt. Die Vorrichtungen zur Kompensation der Reibung macht man zweckmäßig unwirksam. Den Hauptstromkreis erregt man einmal mit einem Strom, der etwa ein Zehntel des Nennstroms beträgt, das andere Mal etwa ein Zwanzigstel des Nennstroms. Bei Wechselstromzählern sollen diese Ströme J_1 und J_2 gleichphasig mit der Spannung sein. Die Stromkreise werden so geschaltet, daß die entstehenden Drehmomente den Anker rückwärts zu treiben suchen. Die Auslaufversuche wertet man nur für ein kurzes Geschwindigkeitsintervall aus, für das man die Kurvenstücke aufzeichnet, die den folgenden beiden Gleichungen entsprechen:

$$\left(\frac{d^2 u}{dt^2}\right)_1 = f_1\!\left(\frac{du}{dt}\right) \text{ für } J_1 \text{ beim Drehmoment } D_1$$

$$\text{und } \left(\frac{d^2 u}{dt^2}\right)_2 = f_2\!\left(\frac{du}{dt}\right) \text{ für } J_2 \text{ beim Drehmoment } D_2.$$

Es gilt die Beziehung

$$K \cdot \frac{2\pi}{981} \cdot \left[\left(\frac{d^2 u}{dt^2}\right)_1 - \left(\frac{d^2 u}{dt^2}\right)_2\right] = D_1 - D_2,$$

wobei die in der Klammer stehenden Verzögerungen ein und derselben Geschwindigkeit entsprechen müssen.

Im allgemeinen kann man bei dem kleinen Unterschied zwischen den Strömen J_1 und J_2 Proportionalität zwischen Drehmoment und Produkt aus Strom und Spannung annehmen. Annähernd gilt dies bis zum Drehmoment D_n bei Nennstrom J_n und Nennspannung E_n. Also

$$\frac{D_1 - D_2}{D_n} = \frac{(J_1 - J_2) \cdot E}{J_n \cdot E_n}.$$

Das Drehmoment D_n kann man in bekannter Weise[1] messen. Aus den beiden letzten Gleichungen erhält man:

$$K \cdot \frac{2\pi}{981} \cdot \left[\left(\frac{d^2 u}{dt^2}\right)_1 - \left(\frac{d^2 u}{dt^2}\right)_2\right] = D_n \cdot \frac{(J_1 - J_2) \cdot E}{J_n \cdot E_n}.$$

[1] Siehe oben S. 112.

In dieser Gleichung sind alle Größen mit Ausnahme des Trägheits-moments K bekannt[1]).

Trennung der Verluste. Um die Zählwerks-, Bürsten- und Lager- plus Luftreibung voneinander zu trennen, macht man bei ab-genommenem Bremsmagnet[2]) und abgeschalteten Stromkreisen mehrere Auslaufversuche:

    1. Mit gekuppeltem Zählwerk und anliegenden Bürsten.

    2. Mit abgenommenem Zählwerk und anliegenden Bürsten.

    3. Ohne Zählwerk und Bürsten.

Jeder Versuch wird einzeln ausgewertet, und die Reibungskurven werden in Abhängigkeit von der Geschwindigkeit aufgezeichnet, Abb. 102. Die Differenz zwischen Kurve 1 und 2 ergibt die Zählwerksreibung, die zwischen 2 und 3 die Bürstenreibung. Meist wird man darauf verzichten, die Lagerreibung und Luftreibung, die man in Kurve 3 zusammen mißt, voneinander zu trennen.

Der Vollständigkeit halber sei die Methode von Fitch und Huber (l. c.) zur gesonderten Bestimmung der Luftreibung angegeben. Sie hängen den Anker an einem dünnen Draht frei auf und lassen den sonst feststehenden Teil des Zählers um den Anker rotieren. Das Torsionsmoment des Drahtes ist dann proportional dem Drehmoment der Luftreibung des Ankers.

Die Luftreibung kann man natürlich auch dadurch messen, daß man außer dem Auslaufversuch 3 unter normalem Luftdruck noch einen solchen in einem luftleer gemachten Raum vornimmt und die Differenz der beiden Reibungskurven bildet.

b) Methode des geeichten Motors. Entfernt man bei einem Gleich-stromzähler die Bremsmagnete und legt an seinen Anker eine kleine Spannung E_k, so erhöht sich seine Tourenzahl so lange, bis Gleich-gewicht zwischen der mechanischen Reibungsleistung und dem Teil der elektrischen Leistung besteht, die im Anker in mechanische um-gewandelt wird[3]):

$$D_R \cdot 2\pi \cdot \frac{du}{dt} \cdot 10^{-7} = E_a \cdot J_a \text{ Watt.}$$

Dabei ist J_a der den Anker durchfließende Strom in A, E_a die durch Rotation des Ankers im feststehenden Felde induzierte EMK in V, du/dt die sekundliche Umdrehungszahl des Ankers. Man mißt du/dt, J_a und E_k und berechnet $E_a = E_k - J_a R_a$ aus dem Ankerwiderstand

---

[1]) Über mögliche Fehlerquellen siehe Verhandlungen des Vereins zur Be-förd. d. Gewerbefleißes. 1910, S. 658.

[2]) Ist der Luftspalt zwischen Bremsmagnet und Bremsscheibe sehr klein, so ersetzt man den Bremsmagnet durch einen diamagnetischen Körper mit gleich-gestalteten Polflächen. Meist kann man davon absehen.

[3]) Siehe v. Krukowski: Vorgänge in der Scheibe eines Induktionszählers usw. Berlin: Julius Springer 1920.

R_a in Ohm. Da $E_a : du/dt$ ein konstanter Wert ist, so erhält man aus obiger Gleichung $D_R = c \cdot J_a$ in Dyn cm. Um das Reibungsmoment in gcm zu erhalten, muß man noch durch 981 dividieren.

Die Methode ist für alle Gleichstrommotorzähler mit rotierendem Anker anwendbar. Die Trennung der Bürstenreibung von der Lager- und Luftreibung ist dabei natürlich nicht möglich.

3. Reibungskompensation.

a) Gleichstrom-Wattstundenzähler. Bei Gleichstrom-Wattstundenzählern kompensiert man die Reibung meist durch die sogenannte Kompensationsspule, die mit dem Anker in Reihe geschaltet ist und vom Strome des Spannungskreises durchflossen wird. Ihr Fluß ist konaxial mit dem Fluß der Hauptstromspulen. Macht man einen Auslaufversuch bei ausgeschaltetem Hauptstromkreis, aber eingeschaltetem Spannungskreis und wertet die Auslaufkurven aus, so erhält man das Drehmoment der Reibung vermindert um das Drehmoment der Reibungskompensation. Ein solcher Versuch ist deshalb lästig, weil man zu sehr langen Auslaufzeiten kommt. Auch bestimmt man durch ihn nur die Reibungskompensation am Aufhängungsort, die durch das Erdfeld beeinflußt wird. Will man das Erdfeld eliminieren, so muß man auf andere Weise vorgehen.

Der motorisch wirksame Fluß der Kompensationsspule ist proportional dem Strom im Spannungskreis, also auch der Klemmenspannung E. Der motorisch wirksame Fluß des Ankers ist gleichfalls proportional der Klemmenspannung. Also ist das Kompensationsmoment $D_k = c_k \cdot E^2$. Die mit dem Fluß der Kompensationsspule konaxial verlaufende Komponente des Erdfelds erzeugt ein Drehmoment $D_H = c_H \cdot E$. Je nach der Aufhängung des Zählers ist dieses Drehmoment dem Kompensationsmoment zuzuzählen oder von ihm abzuziehen[1]):

$$D'_k = D_k \pm D_H = c_k \cdot E^2 \pm c_H \cdot E.$$

Die Konstante c_k ist abhängig von der Ausführung der Kompensationsspule und ihrer Lage im Zähler, c_H kann verschieden sein, je nach der Stellung der Kompensationsspule im Erdfeld. Die Konstanten c_k und c_H kann man leicht durch zwei Auslaufversuche bestimmen, wobei man entweder die Lage des Zählers oder die Klemmenspannung verändert.

Änderung der Lage des Zählers. Erster Auslaufversuch: Der Spannungskreis ist normal geschaltet, nur in der Kompensations-

---

[1]) Vgl. El. u. Maschinenb. Wien 1911, S. 978. — Ferner Schmiedel: Wirkungsweise und Entwurf der Motorelektrizitätszähler. S. 113. Stuttgart: Enke 1916.

spule ist die Stromrichtung umgeschaltet, so daß das von ihr erzeugte Drehmoment verzögernd wirkt. Die Klemmenspannung ist die normale, die Bürsten liegen am Kollektor an, Bremsmagnet und Zählwerk sind entfernt, der Hauptstromkreis ist abgeschaltet. Der Auslaufversuch ergibt nach Abzug des bekannten Drehmoments der Reibung:

$$D_{k1} = c_k \cdot E^2 + c_H \cdot E.$$

Einen zweiten Auslaufversuch macht man unter sonst gleichen Bedingungen, nachdem man den Zähler um 180^0 um seine vertikale Achse gedreht aufgehängt hat. Dieser Auslaufversuch ergibt nach Abzug des bekannten Drehmoments der Reibung:

$$D_{k2} = c_k \cdot E^2 - c_H \cdot E.$$

Die Konstanten c_k und c_H und damit den reinen Wert des Kompensationsmoments kann man dann berechnen. Man erhält:

$$c_k = \frac{D_{k1} + D_{k2}}{2 \cdot E^2} \quad \text{und} \quad c_H = \frac{D_{k1} - D_{k2}}{2 \cdot E}.$$

Änderung der Spannung. Anstatt die Lage des Zählers für die beiden Auslaufversuche verschieden zu wählen, kann man auch unter Beibehaltung der Lage des Zählers bei zwei verschiedenen Spannungen messen. Man erhält dann die beiden Drehmomente

$$D_{k1} = c_k \cdot E_1^2 \pm c_H \cdot E_1,$$
$$D_{k2} = c_k \cdot E_2^2 \pm c_H \cdot E_2$$

und daraus

$$c_k = \frac{D_{k1} - D_{k2} \cdot \dfrac{E_1}{E_2}}{E_1^2 - E_1 \cdot E_2} \quad \text{und} \quad c_H = \frac{-D_{k1} \cdot E_2^2 + D_{k2} \cdot E_1^2}{E_1 \cdot E_2 (\pm E_1 \mp E_2)}.$$

b) Wechselstrom-Induktionszähler und Gleichstrom-Amperestundenzähler. Bei Wechselstrom-Induktionszählern erzeugt man zur Kompensation der Reibung meist durch Unsymmetrien am Spannungseisen ein von der Klemmenspannung abhängiges Zusatzdrehmoment[1]). Man kann dieses Zusatzdrehmoment nicht gesondert messen, wie beim Gleichstrom-Wattstundenzähler, da es nur dann zur Wirkung kommt, wenn der Spannungskreis voll erregt ist und also auch die Eigenbremsung, die um ein Vielfaches größer ist, in die Erscheinung tritt. Es ist jedoch möglich, das Kompensationsmoment indirekt aus zwei Fehlermessungen zu bestimmen. Das Kompensationsmoment wirkt immer in der gleichen Drehrichtung auf den Anker ein. Bestimmt man nun bei konstant gehaltenen elektrischen Größen den Fehler des

<hr>

[1]) Vgl. z. B. Schmiedel: Wirkungsweise und Entwurf. S. 88. — Möllinger: Wirkungsweise der Motorzähler. S. 87.

Zählers einmal für Vorwärtslauf bei einer Phasenverschiebung φ, das andere Mal für Rückwärtslauf bei einer Phasenverschiebung $180^0 + \varphi$ zwischen Hauptstrom und Klemmenspannung, so ist die Fehlerdifferenz $F_1 - F_2$ proportional dem Kompensationsmoment. Seine Größe findet man unter Zugrundelegung der bekannten Fehlergleichung mit

$$D_k = \frac{(F_1 - F_2)}{2} \cdot \frac{D_n}{K} \cdot \frac{J}{J_n} \cdot \cos \varphi.$$

Dabei ist D_n der Nennwert des treibenden Drehmoments, J_n der Nennstrom, J der Strom, bei dem die Messung gemacht ist, K eine Konstante, deren Wert in der Nähe von 1,1 liegt. Voraussetzung ist ferner, daß bei Nennspannung und Nennfrequenz gemessen wurde. Die Genauigkeit, mit der man D_k bestimmen kann, ist etwa $\pm 20\,{}^0/_0$, was in praktischen Fällen genügen wird. Die gleiche Methode kann man natürlich auch für Gleichstrom-Wattstunden- und Amperestundenzähler anwenden. Bei Gleichstrom-Amperestundenzählern ist sie die einzig anwendbare, weil dort eine Reibungskompensation nur wirksam sein kann, wenn der Bremsmagnet vorhanden ist.

4. Anlauf und Leerlauf.

So wichtig wie die Untersuchung der Reibung und der Reibungskompensation für die genaue Kenntnis einer Zählertype ist, interessiert doch letzten Endes die Elektrizitätswerke nur die meßtechnische Auswirkung dieser Eigenschaften. Diese drückt sich im Anlaufstrom oder in der Anlaufleistung aus. Bei Gleichstromzählern mißt man den Anlaufstrom mit einem hochempfindlichen Strommesser, bei Wechselstrom meist dadurch, daß man den Zähler wie im Netz schaltet und als Belastung einen induktionsfreien regelbaren Widerstand bekannter Größe benutzt. Den Anlaufstrom kann man dann aus Klemmenspannung und Widerstand berechnen. Bei der Messung des Anlaufstroms muß man darauf achten, daß der Zähler erschütterungsfrei aufgehängt ist; auch schon geringe Gebäudeerschütterungen erleichtern den Anlauf. Hängt der Zähler etwas schief, so spielt natürlich auch die Schwerpunktslage des beweglichen Ankers eine erhebliche Rolle; auch bei gut ausbalancierten Ankern ist diese immer ein wenig außerhalb der Drehachse. Besonders muß man auf die Stellung der Leerlaufhemmung achten; man soll den Anlauf immer in der Ankerstellung messen, in der die Leerlaufhemmung am wirksamsten ist.

Die Kontrolle darüber, ob der Zähler bei erhöhter oder erniedrigter Spannung leerläuft, ist möglichst bei nicht gänzlich erschütterungsfrei aufgehängtem Zähler vorzunehmen; je stärker die Erschütterungen sind, desto leichter läuft der Zähler leer. Auch auf schiefe Aufhängung muß man Rücksicht nehmen, denn je nach der Lage des Schwerpunkts des beweglichen Ankers wird der Leerlauf erleichtert oder erschwert. Wenn auch die amtlichen Vorschriften einen gewissen Betrag für den Vorlauf zulassen, so stellt man in der Praxis doch immer die Anforderung, daß der Zähler keinen Leerlauf haben darf, wenn sich die Spannung um $\pm 10\,\%$ gegen den Nennwert ändert.

5. Eigenbremsung.

Die Eigenbremsung wird bei Wechselstrom-Induktionszählern durch Bewegung der Scheibe in den Wechselflüssen des Hauptstrom- und Spannungskreises hervorgerufen. Sie beträgt bei Vollast meist mehrere Prozente des treibenden Drehmoments. Bei dynamometrischen Zählern kann eine Eigenbremsung bei geschlossener Schaltung der Ankerwicklung auftreten, jedoch ist sie wegen des meist recht hohen Ankerwiderstandes nicht erheblich. Nur bei Wattstunden-Quecksilbermotorzählern kann die Eigenbremsung durch den Fluß des Spannungskreises eine beachtenswerte Größe erreichen, weil der Widerstand der Ankerscheibe klein ist. Bei Amperestundenzählern spielt die Eigenbremsung keine Rolle, weil das feststehende Feld des permanenten Magnets konstant ist und die Eigenbremsung daher ebenso wie die Gesamtbremsung proportional der Tourenzahl steigt.

Man kann die Eigenbremsung mit den gleichen Meßmethoden bestimmen wie die Reibung; um die Eigenbremsung allein zu erhalten, muß man in allen Fällen natürlich die Reibung abziehen. Jedoch gibt es auch noch einige andere Möglichkeiten, die Eigenbremsung zu bestimmen, wie im folgenden gezeigt werden wird.

a) Auslaufmethode. Bei Wechselstrom-Induktionszählern ist die Eigenbremsung durch die Flüsse des Hauptstrom- und insbesondere des Spannungskreises so groß, daß es meist nicht möglich ist, bei deren Nennwerten Auslaufversuche zu machen, weil der Zähleranker schon nach einigen wenigen Umdrehungen stillsteht. Man mißt deshalb besser bei solchen Werten, die erheblich unter dem Nennwert liegen und extrapoliert auf diesen. Um eine geradlinige Extrapolation anwenden zu können, stellt man folgende Überlegung an: Nach den Gesetzen der Eigenbremsung kann man mit genügender Genauigkeit setzen:

$$D_J = c_J \cdot \frac{du}{dt} \cdot J^2,$$

wobei D_J das Drehmoment der Eigenbremsung des Hauptstromflusses, c_J eine Konstante, $\dfrac{du}{dt}$ die sekundlichen Umdrehungen und J der Hauptstrom sind. Aus mehreren Auslaufversuchen bei verschiedenen Stromstärken (wobei die Bremsmagnete und das Zählwerk abgenommen sind, der Spannungskreis ausgeschaltet ist) greift man die zu gleichen

du/dt gehörenden Werte des Drehmoments D_J heraus und trägt die Quadratwurzeln von D_J als Funktion von J auf. Die so erhaltenen Geraden kann man bis zum Nennwert J_n ziehen. Ein Beispiel für eine solche Extrapolation zeigt Abb. 103.

In gleicher Weise verfährt man bei der Auswertung der Auslaufversuche für die Eigenbremsung des Spannungsflusses, für die die analoge Beziehung gilt:

$$D_E = c_E \cdot \frac{du}{dt} \cdot E^2.$$

Da D_J, D_E und du/dt aus den Auslaufmessungen bestimmt, J und E bekannt sind, kann man die Bremskonstanten c_J und c_E berechnen.

b) Methode des geeichten Motors. Die Methode des geeichten Motors, die durch v. Krukowski[1]) angewendet wurde, um systematische Versuche über die Eigenbremsung von Wechselstromzählern anzustellen, eignet sich nicht für Messungen an Zählern, wie sie aus der Fabrikation kommen. Des Interesses halber sei sie aber kurz erwähnt. Auf die verlängerte Achse des Induktionszählers setzt man den Anker eines Gleichstrommotors. Dieser besteht aus einer Scheibe aus Isoliermaterial, welche die Wicklung eines

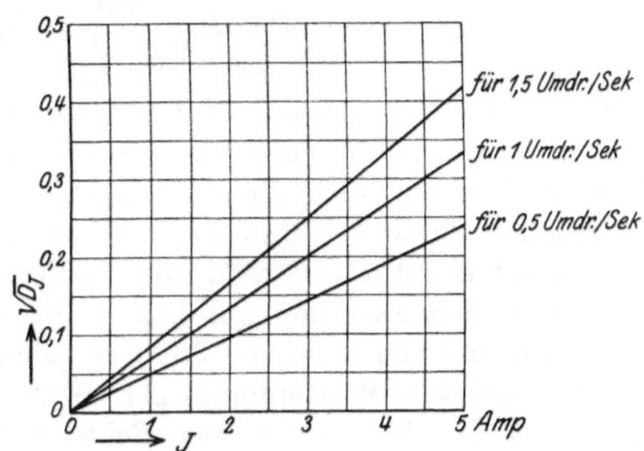

Abb. 103.
Eigenbremsung durch den Hauptstromfluß.

Amperestundenzählers trägt und die sich in den Luftspalten zweier permanenter Magnete bewegen kann (ungedämpfter Flachankerzähler). Die vom Motor abgegebene mechanische Leistung ist $J_a \cdot E_a$; sie ist gleich der durch die Eigenbremsung und die Reibung vernichteten Leistung:

$$J_a \cdot E_a = (D_B + D_R) \cdot 2\pi \cdot \frac{du}{dt} \cdot 10^{-7} \text{W}.$$

J_a ist der Ankerstrom, E_a die Gegen-EMK des Gleichstromantriebsmotors. Mißt man diese beiden Größen und bestimmt noch die sekundlichen Umdrehungen, so erhält man direkt das zu diesen gehörende Drehmoment $D_B + D_R$. Die Reibung bestimmt man, wie oben beschrieben[2]), zieht sie von dem gefundenen Werte ab und erhält dann die Eigenbremsung allein.

---

[1]) Vorgänge in der Scheibe eines Induktionszählers, S. 55.
[2]) Siehe oben S. 126.

c) **Einlaufmethode.** Für Wechselstrominduktionszähler hat H. W. L. Brückmann[1]) folgende Methode zur Bestimmung der Eigenbremsung angegeben. Man beseitigt den Bremsmagnet und das Zählwerk, erregt z. B. den Spannungskreis mit der vollen Nennspannung, den Hauptstromkreis mit einem passend kleinen Strom bei $\cos\varphi = 1$ und läßt den Zähler so lange laufen, bis er eine konstante Geschwindigkeit annimmt. Für diese Geschwindigkeit ist das treibende Drehmoment gleich den bremsenden Drehmomenten:

$$D = D_E + D_J + D_R.$$

Nimmt man an, daß das treibende Drehmoment D proportional dem Produkt aus Strom und Spannung ist und daß D_J und D_R im Verhältnis zu D_E zu vernachlässigen sind, so ist

$$D = D_n \cdot \frac{E \cdot J}{E_n \cdot J_n} = D_E.$$

Hat man das Nenndrehmoment D_n gemessen, so kann man aus einer solchen einfachen Messung, da die Nennspannung E_n und der Nennstrom J_n bekannt sind, die Eigenbremsung D_E annähernd bestimmen. In gleicher Weise verfährt man bei der Messung der Eigenbremsung des Hauptstromkreises. Auf die Feinheiten der Messung und die möglichen Fehlerquellen soll hier nicht weiter eingegangen werden, sie sind in der angezogenen Literatur behandelt.

d) **Indirekte Bestimmung der Eigenbremsung.** Den durch die Eigenbremsung hervorgerufenen Fehler kann man nach Genkin und Schillès[2]) durch folgendes Verfahren feststellen. Man bestimmt z. B. für einen kleinen Strom J'' und die Nennspannung E_n das Drehmoment D'' bei Stillstand des Zählers; sodann läßt man den Zähler mit abgenommenem Bremsmagnet laufen und mißt die Geschwindigkeit $\left(\frac{du}{dt}\right)''$, die sich für die gleichen Werte von Strom und Spannung einstellt. Die gefundenen Werte D'' und $\left(\frac{du}{dt}\right)''$ trägt man als Ordinate und Abszisse in einem rechtwinkligen Koordinatensystem auf. Die in Abb. 104 eingetragene Verbindungslinie der beiden markierten Punkte ergibt den Verlauf des Drehmoments D_E der Eigenbremsung durch den Spannungsfluß in Abhängigkeit von den sekundlichen Umdrehungen. Ferner trägt man von O'' aus den Wert D' ab, der dadurch bestimmt ist, daß er sich mit D'' zum Nenndrehmoment D_n ergänzt. Den Punkt O' verbindet man mit dem Punkte der Geraden für

---

[1]) ETZ 1910, S. 859; vgl. auch Schmiedel: El. u. Maschinenb. Wien 1911, S. 980; ferner ebenda 1912, Heft 7, S. 156.

[2]) Lumière Électrique, 1911, Ser. 2, Bd. 15, S. 7; El. u. Maschinenb. Wien 1911, S. 704.

D_E, der den Nennumdrehungen (in unserem Beispiel 1,042) entspricht.
Diese Gerade stellt die Abhängigkeit des Bremsmoments D_B von der
Geschwindigkeit dar. Es gilt nun für die Beschleunigungsperiode folgende Beziehung:

$$D_n = D_B + D_E + 2\pi K \cdot \frac{d^2 u}{dt^2}.$$

Der Ordinatenabschnitt zwischen den beiden Geraden für D_E und D_B
stellt also für jede Geschwindigkeit das Drehmoment der Beschleunigung der Ankermasse dar. K ist dabei das Trägheitsmoment des Ankers.

Der stationäre Zustand
wird erreicht, wenn die
Beschleunigung Null wird,
also im Schnittpunkt der
beiden Geraden für D_E und
D_B. Hat man die Konstruktion für die Nennspannung durchgeführt, so
ist es einfach, auch für
andere Spannungen die
entsprechenden Geraden
einzuzeichnen.

In unserm Beispiel ist
die Nennspannung 500 V.,
für 450 und 550 V. sind
gleichfalls die Geraden für
D_E gemessen und aufgetragen. Der Strom J'' ist
für alle drei Fälle zu 20 %
des Nennstroms eingesetzt.
Der Punkt O' wird ebenfalls bestimmt, wobei zu
beachten ist, daß das Drehmoment von den neuen Punkten P an abgetragen werden muß.

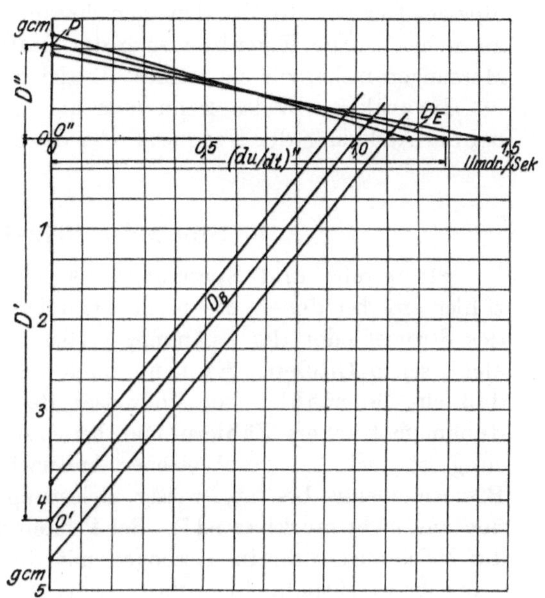

Abb. 104. Indirekte Methode zur Bestimmung
der Eigenbremsung.

Die Neigung der Geraden für D_B bleibt natürlich immer dieselbe, da
die Flüsse des Bremsmagnets und des Hauptstromkreises gleich bleiben.

Die Schnittpunkte der zugehörenden Geraden $D_B = f'\left(\dfrac{du}{dt}\right)$ und
$D_E = f''\left(\dfrac{du}{dt}\right)$ ergeben die Geschwindigkeiten 0,965 für 450 V., 1,042
für 500 V., 1,100 für 550 V. Die entsprechenden Sollgeschwindigkeiten unter der Annahme, daß die Angaben proportional der Spannung
sind, ergeben sich für 450 V. und 550 V. zu

$$1,042 \cdot \frac{450}{500} = 0,938 \quad \text{und} \quad 1,042 \cdot \frac{550}{500} = 1,144$$

und die Abweichungen gegenüber den Angaben des Zählers bei 500 V. zu

$$\frac{0{,}965 - 0{,}938}{0{,}938} = +2{,}9\,^0/_0 \text{ für } 450\,\text{V.,}$$

$$\frac{1{,}100 - 1{,}144}{1{,}144} = -3{,}8\,^0/_0 \text{ für } 550\,\text{V.}$$

Hat der Zähler eine so große Eigenbremsung, daß man auch beim Nennstrom die Einlaufgeschwindigkeiten noch bestimmen kann, so fallen die Punkte O' und O'' zusammen und man hat für D_B nur eine einzige Gerade durch den gemeinsamen Koordinatenanfangspunkt zu ziehen[1]). Die Eigenbremsung des Hauptstromkreises stört bei den Messungen nicht, da sie immer die gleiche ist.

In analoger Weise kann man die Änderung der Eigenbremsung bei der Änderung der Frequenz oder des Hauptstromes bestimmen.

6. Stoßweise Belastungen.

Stromstöße und Spannungsstöße wirken nur auf solche Motorzähler ein, bei denen die bremsenden Drehmomente beim Anwachsen des Stromes oder der Spannung größer sind, als beim Abnehmen der elektrischen Größen. Es kann infolgedessen nur der Fall eintreten, daß ein Motorzähler bei stoßweiser Belastung zu viel zeigt[2]). Bei dynamometrischen Zählern und bei Magnetmotorzählern mit Bremsung ist auch bei geschlossener Ankerwicklung der Unterschied der Bremsmomente bei stoßweiser Belastung so klein, daß die Beeinflussung nicht merkbar ist[3]). Bei Pendelzählern kann nur dann, wenn die Belastungsstöße in Resonanz mit den Pendelschwingungen sind, eine sehr wesentliche Beeinflussung der Angaben eintreten[4]).

Zur Prüfung des Einflusses von Belastungsstößen unterbricht man meist den Strom vollständig und schaltet ihn dann mit seinem Höchstwert ein, da man andernfalls auch bei Wechselstromzählern so kleine Abweichungen vom Sollwert erhält, daß diese nur schwer nachzumessen sind. Als Zeitdauer zwischen Unterbrechung und Einschaltung wählt man meist 1 Sekunde. Um ein allmähliches Anwachsen des Stromes zu erhalten, kann man bei der Prüfung von Gleichstromzählern einen variablen elektrolytischen Widerstand[5]) verwenden: für die Prüfung von Wechselstromzählern benutzt man die im folgenden beschriebenen Anordnungen.

---

[1]) Vgl. Fig. 10 der obengenannten Arbeit von Genkin und Schillès.

[2]) Vgl. Schmiedel: El. u. Maschinenb. Wien 1911, S. 555; Robertson: The Institution of Electrical Engineers. Sept. 1, 1911.

[3]) Vgl. Orlich und G. Schulze: El. u. Maschinenb. Wien 1909, S. 801.

[4]) Vgl. Robertson: l. c.   [5]) Vgl. Orlich und G. Schulze: l. c.

Die zu prüfenden Zähler schaltet man hintereinander und vergleicht ihre am Zählwerk abgelesenen Angaben über eine genügend lange Zeitdauer mit den Angaben eines ebenso geschalteten, von Stromstößen unbeeinflußbaren Zählers. Bei Gleichstrom nimmt man dazu zweckmäßig einen Elektrolytzähler oder ein Voltameter[1]), bei Wechselstrom einen Pendelzähler, dessen Eigenschwingung nicht in Resonanz mit der Periode der Unterbrechungen ist[2]). Die Schaltung

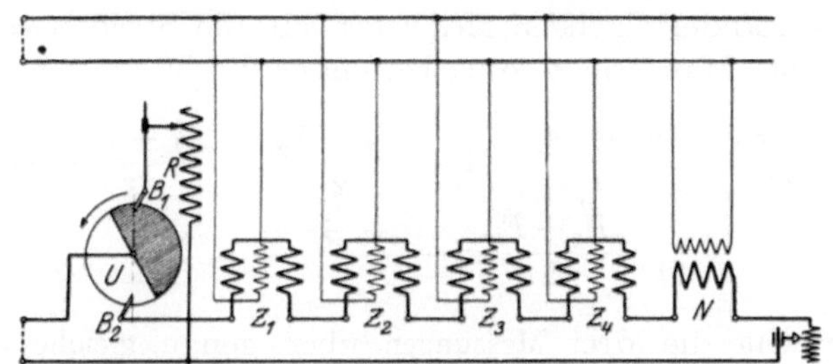

Abb. 105. Schaltung für stoßweise Belastung mit Normalzähler.

macht man nach Abb. 105. Z_1, Z_2, Z_3, Z_4 sind die zu untersuchenden Zähler, N der zum Vergleich dienende Normalzähler. R ist ein Widerstand, der an Stelle der Zähler eingeschaltet wird, wenn diese abgeschaltet werden. Der mit etwa $^1/_2$ Umdrehungen in 1 Sekunde rotierende Umschalter U ist zur einen Hälfte aus Metall, zur anderen aus Isoliermaterial; die Bürsten B_1 und B_2 liegen genau diametral einander gegenüber.

Hat man mehrere gleiche Zähler zur Verfügung und will man den Einfluß der Belastungsschwankungen nur für diesen einen Typ prüfen, so ist die Schaltung nach Abb. 106 mit Vorteil zu verwenden[3]).

Die Zähler Z_1 und Z_2 werden durch den Umschalter U stoßweise belastet, der Zähler Z_3 dagegen gleichmäßig. Hat man die drei Zähler vorher für den Strom, mit dem man stoßweise belasten will, auf genau gleiche Angaben geeicht, so müßte die Summe der Angaben $A_1 + A_2$ der Zähler Z_1 und Z_2 gleich den Angaben A_3

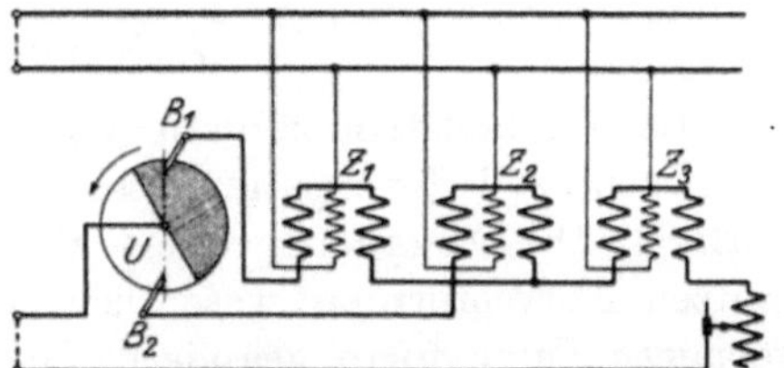

Abb. 106. Schaltung für stoßweise Belastung mit Auswechseln der Zähler.

des Zählers Z_3 sein, wenn die Angaben durch Stromstöße nicht beeinflußt würden. Man liest aber an den Zählwerken der Zähler Z_1

---

[1]) Vgl. Orlich und G. Schulze: l. .c
[2]) Vgl. Schmiedel: l. c.
[3]) Möllinger und v. Krukowski: ETZ 1917, S. 332.

und Z_2 die Angaben A_1' und A_1' ab. Der durch Stromstöße hervorgerufene Fehler ist

$$F = \frac{(A_1' + A_2') - (A_1 + A_2)}{A_1 + A_2} = \frac{A_1' + A_2' - A_3}{A_3} = \frac{A_1' + A_2'}{A_3} - 1.$$

Die Schaltung kann man auch für Zähler verschiedener Typen mit gleichem Meßbereich benutzen, wenn man den bei Z_3 eingeschalteten Zähler als Normalzähler benutzt. Jeder der drei Zähler muß bei drei aufeinanderfolgenden Messungen an die Stelle eines der zwei anderen treten. Man erhält so nacheinander die Messungen

$$\frac{F_1 + F_2}{2} = \frac{A_1' + A_2'}{A_3} - 1, \quad \frac{F_1 + F_3}{2} = \frac{A_1' + A_3'}{A_2} - 1,$$

$$\frac{F_2 + F_3}{2} = \frac{A_2' + A_3'}{A_1} - 1.$$

Man macht die drei Messungen über genau gleiche Zeiträume und stellt die Zähler vorher für den Strom, mit dem man stoßweise belasten will, gleich ein[1]), so daß also

$$A_1 = A_2 = A_3.$$

Dann erhält man, wenn die Ausschaltezeit des Stromes gleich der Einschaltezeit ist,

$$F_1 = \frac{A_1' - A_1/2}{A_1/2} = \frac{2A_1' - A_1}{A_1} = \frac{2A_1'}{A_1} - 1.$$

Ebenso

$$F_2 = \frac{2A_2'}{A_2} - 1 \quad \text{und} \quad F_3 = \frac{2A_3'}{A_3} - 1.$$

7. Kurvenform.

Bei Wechselstromzählern kann die Kurvenform auf die Angaben einwirken, weil die Spannungsspule nicht wie eine reine Induktivität wirkt[2]). Die Angaben werden aber nur bei sehr flachen oder sehr spitzen Kurvenformen wesentlich gegenüber den Angaben bei sinusförmiger Kurvenform geändert. Diese abnormen Kurvenformen stellt man dadurch her, daß man entweder den stromliefernden Generator mit auswechselbaren Polschuhen ausrüstet oder zwei Generatoren verwendet, von denen einer die sinusförmige Grundwelle, der andere eine Welle dreifacher Frequenz erzeugt. Verändert man sowohl die Amplitude der dritten Oberschwingung als auch ihre Phasenverschiebung

---

[1]) Man kann auch die Angaben auf den Sollwert korrigieren, wenn man von der genau gleichen Einstellung absehen will.

[2]) Vgl. Rogowski und Vieweg: Z. Instrumentenk. 1913, S. 122.

gegen die Grundwelle, so kann man fast jede gewünschte Kurvenform darstellen. Ausführliche Untersuchungen mit derartigen Anordnungen haben zu dem Resultat geführt, das nur in ganz besonderen Fällen die Kurvenform die Angaben beeinflußt[1]).

8. Äußere Felder.

a) Absichtliche Fälschung der Angaben. Durch Nähern eines starken permanenten Magnets kann man fast alle Zähler, deren Kappe nicht aus Eisenblech ist, von außen beeinflussen.

Bei Wechselstrominduktionszählern ist die Beeinflussung am geringsten, weil der Luftspalt des Bremsmagnets sehr klein ist und die magnetischen Wechselfelder nicht beeinflußt werden.

Von den Magnetmotorzählern sind diejenigen der Flachankertype meist weniger durch böswillige Näherung eines permanenten Magnets zu beeinflussen, als die mit Trommelanker, weil bei den ersteren der magnetische Kreis besser geschlossen ist. Mit einem starken Hufeisenmagnet von der Maulweite 70 mm, einer gesamten Eisenlänge von 200 mm und einem Eisenquerschnitt von 10×40 mm kann man die Angaben der auf dem Markt befindlichen Flachankerzähler um etwa $\pm 2\%$, die der Trommelankerzähler um etwa $\pm 6\%$ beeinflussen.

Sehr stark beeinflussen lassen sich die Gleichstromwattstundenzähler, zumal wenn sie Eisen im beweglichen System haben. Je kleiner das Feld der Hauptstromspulen ist, desto empfindlicher sind sie.

b) Unabsichtliche Einwirkung stromführender Leitungen. Wechselstrominduktionszähler werden durch äußere Wechselfelder so gut wie nicht beeinflußt, weil ihr Eisenkreis bis auf den kleinen Luftspalt für die Triebscheibe vollkommen geschlossen ist und ihr Gehäuse meist aus Eisen besteht.

Gleichstrommagnetmotorzähler sind ebenso fast störungsfrei in dieser Hinsicht.

Dynamometrische Wattstundenzähler dagegen sind von äußeren Feldern ebenso zu beeinflussen, wie die dynamometrischen Leistungsmesser. Man muß deshalb darauf achten, daß sie nicht in der Nähe von starke Ströme führenden Leitungen aufgehängt werden. Bei Zählern für große Stromstärken müssen die Zuleitungen möglichst eng beieinander liegen, damit die um die Hin- und Rückleitung entstehenden Felder nach außen unwirksam werden.

Bei dynamometrischen Gleichstromzählern genügt schon das Erdfeld, um so große Fehler hervorzurufen, daß sie bei kleinen Be-

---

[1]) Rosa, Lloyd und Reid: Bull. of the Bureau of Standards. Bd. 1, Nr. 3, S. 421; Referat ETZ. 1906, S. 635. — Ratcliff und Moore: J. Inst. El. Engs. Bd. 47, 1911, S. 3 (insbes. S. 41—43); Referat Electr. Bd. 66, 1911, S. 938; vgl. auch die Bemerkungen von Irwin: Electr. Bd. 67, 1911, S. 9.

lastungen, also kleinem Hauptstromfeld, nicht mehr vernachlässigt werden können (± 1 bis $2\,^0/_0$ für $^1/_{10}$ des Nennstromes bei marktgängigen Ausführungen). Bei der Installation solcher Zähler muß man diesem Umstande Rechnung tragen[1]).

Das Maß der Beeinflußbarkeit eines dynamometrischen Zählers durch äußere Felder drückt man zweckmäßig durch die „Beeinflussungskonstante"[1]) aus. Sie ist definiert durch die Gleichung

$$\varDelta F = \frac{c \cdot N_A \cdot J_A}{a \cdot N \cdot J}.$$

Darin bedeutet $\varDelta F$ die Fehlerdifferenz, die sich für einen Zähler ergibt, wenn der beeinflussende Strom einmal in der einen Richtung, das andere Mal in der entgegengesetzten Richtung fließt; $N \cdot J$ sind die Amperewindungen der Hauptstromspulen, bei denen $\varDelta F$ gemessen wird, J_A ist der äußere, beeinflussende Strom, N_A die Leiterzahl dieses Stromes (meist $= 1$), a der Abstand des beeinflussenden Stromleiters von der Ankerachse des Zählers, c die Beeinflussungskonstante. Zu deren Bestimmung braucht man also nur folgende Größen zu messen: den Hauptstrom J, den beeinflussenden Strom J_A, seine Entfernung a vom Zähler und die Fehler F_1 und F_2 für zwei Stromrichtungen von J_A. Die Windungszahl N der Hauptstromwicklung muß bekannt sein. Es ist dann die Beeinflussungskonstante

$$c = \varDelta F \cdot a \cdot \frac{N \cdot J}{N_A \cdot J_A}.$$

Bei marktgängigen Ausführungen von dynamometrischen Gleichstromwattstundenzählern liegt die Beeinflussungskonstante zwischen 1 und 4.

9. Temperatur.

Zur Messung der Raumtemperatur außerhalb des Zählers genügt ein gewöhnliches Quecksilberthermometer. Innerhalb der Kappe des Zählers kann man meist kein Quecksilberthermometer anbringen. Man verwendet deshalb am besten ein Thermoelement Eisen-Konstantan, dessen Drähte man durch eine kleine Öffnung der Kappe einführen kann. Ein solches Thermoelement kann man sich leicht selbst herstellen, indem man zwei etwa einen Meter lange Drähte aus Eisen und Konstantan an einem Ende mit Weichlot zusammenlötet und sie auf ihrer Länge gegeneinander isoliert zusammendreht. Am anderen Ende jeden Drahtes lötet man einen Kupferdraht an. Diese Lötstellen hält man dauernd auf konstanter Temperatur, indem man sie z. B.

---

[1]) Vgl. Schmiedel: El. u. Maschinenb. Wien 1911, S. 955; Wirkungsweise und Entwurf, S. 114.

in ein mit Eis gefülltes Gefäß steckt. Man eicht das so hergestellte Thermoelement zusammen mit dem Zeigergalvanometer, das man an die freien Enden der Kupferdrähte anschließt. Die Temperatur der Eisenteile und die Außentemperatur der Wicklungen kann man damit ebensogut bestimmen wie die Temperatur des Innenraumes des Zählers.

Die Eigentemperatur der Wicklungen bestimmt man am besten durch Widerstandsmessungen. Ist r_0 der Widerstand einer Wicklung bei $t_0 = 0^0$, so ist bei der Temperatur t_1, z. B. bei der Zimmertemperatur, der Widerstand der Wicklung

$$r_1 = r_0 (1 + \alpha t_1).$$

Erwärmt sich nun die Wicklung auf t_2, so wird ihr Widerstand

$$r_2 = r_0 (1 + \alpha t_2).$$

Hat man für r_1 die Zimmertemperatur t_1 gemessen, so kann man die erhöhte Temperatur berechnen als

$$t_2 = \frac{r_2 - r_1}{\alpha \cdot r_1} + \frac{r_2}{r_1} \cdot t_1.$$

Dabei ist angenommen, daß der Temperaturkoeffizient α des Materials der Wicklung auf $t_0 = 0^0$ bezogen ist. Bezieht man ihn auf die Zimmertemperatur, so wird

$$t_2 = \frac{r_2 - r_1}{\alpha \cdot r_1} + t_1$$

oder die Temperaturerhöhung

$$t_2 - t_1 = \frac{r_2 - r_1}{\alpha \cdot r_1}.$$

Da die Zimmertemperatur meist sehr nahe bei 18^0 C liegt, wird man praktischerweise die bei dieser Temperatur liegenden Temperaturkoeffizienten benutzen. Man kann α bei 18^0 C für verschiedene Materialien aus den Handbüchern entnehmen. Die wichtigsten Werte von α für den Zählerbau sind[1]):

$$
\begin{array}{ll}
\text{Kupfer} & 0{,}0043 \\
\text{Aluminium} & 0{,}0044 \\
\text{Nickel} & {\sim}0{,}0067 \\
\text{Eisen} & {\sim}\,0{,}0066 \\
\text{Konstantan} & -\,0{,}00003 \text{ bis } +\,0{,}00005 \\
\text{Manganin} & {\sim}+0{,}00002.
\end{array}
$$

Bei Gleichstromzählern mißt man den Widerstand am einfachsten durch Strom- und Spannungsmessung während des Betriebes. Bei

---

[1]) Vgl. z. B. Kohlrausch: Praktische Physik, 14. Auflage, S. 785. Die Werte gelten für reine Metalle.

Wechselstrom baut man einen Umschalter ein, mit dem man die Wicklung, deren Widerstand bestimmt werden soll, einmal in den Betriebsstromkreis einschaltet, das andere Mal an den Meßkreis der Meßbrücke oder der Anordnung für die Strom- und Spannungsmessung mit Gleichstrom anschließt.

10. Eigenverbrauch der Wicklungen.

a) Gleichstrom. Bei Gleichstrom kommt nur der Kupferverlust der Wicklungen in Betracht, man kann also aus Strom- und Spannungsmessungen den Eigenverbrauch bestimmen. Man benutzt dabei für die Messung des Eigenverbrauchs im Spannungskreis die Schaltung nach Abb. 107. Der Eigenverbrauch ist dann

$$L = i \cdot E_1 = i\,(E_n - i \cdot R_A)\,.$$

Dabei ist i der am Strommesser A abgelesene Strom, E_n die Spannung, für die man den Eigenverbrauch kennen will, R_A der Widerstand des

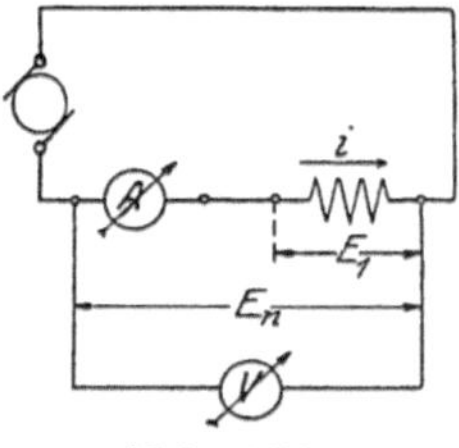

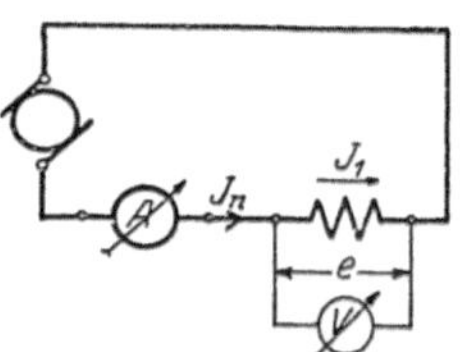

Abb. 107.	Abb. 108.
Eigenverbrauchsmessung für den Spannungskreis bei Gleichstrom.	Eigenverbrauchsmessung für den Hauptstromkreis bei Gleichstrom.

Strommessers A. Der Spannungsabfall $i \cdot R_A$ am Strommesser ist meist so klein, daß man E_n und E_1 gleichsetzen kann. Wenn man ihn berücksichtigen will, muß man die Leistung L im Verhältnis $E_n^2 : E_1^2$ umrechnen.

Für die Messung im Hauptstromkreis ist die Schaltung nach Abb. 108 geeigneter. Man stellt mit dem Strommesser A den Nennstrom J_n ein, bei dem man messen will, und liest die Spannung e am Spannungsmesser V ab. Der Eigenverbrauch ist

$$L = J_1 \cdot e = \left(J_n - \frac{e}{R_V}\right) \cdot e = J_n \cdot e - \frac{e^2}{R_V}\,.$$

Ist der Widerstand R_V des Spannungsmessers groß, so kann man das Korrektionsglied vernachlässigen. Bei Zählern für kleine Stromstärken kann es vorkommen, daß man es berücksichtigen muß. Dann muß man die Leistung L noch mit $J_n^2 : J_1^2$ multiplizieren, um den Eigenverbrauch beim Strom J_n genau zu erhalten.

b) Wechselstrom. Elektrodynamischer Leistungsmesser.
Abb. 109a zeigt die Schaltung zur Messung des Eigenverbrauchs
in Spannungskreis von Wechselstromzählern unter Verwendung
eines dynamometrischen Leistungsmessers. Der Eigenverbrauch
in der Spannungsspule des Zählers ist $L_1 = L_n - i^2 \cdot R_W$. Meist ist
$L_1 = L_n$ zu setzen, weil man das Korrektionsglied vernachlässigen
kann.

Will man es berücksichtigen, so muß man noch den Ohmschen
Widerstand R_W der Hauptstromspule des Leistungsmessers kennen und
den Strom i in der Spannungsspule des Zählers messen. Hat man zu
diesem Zweck einen Strommesser mit der Stromspule des Leistungsmessers hintereinander geschaltet, so muß man zu R_W noch den Widerstand R_A des Strommessers hinzuzählen. Ist der Spannungsabfall in

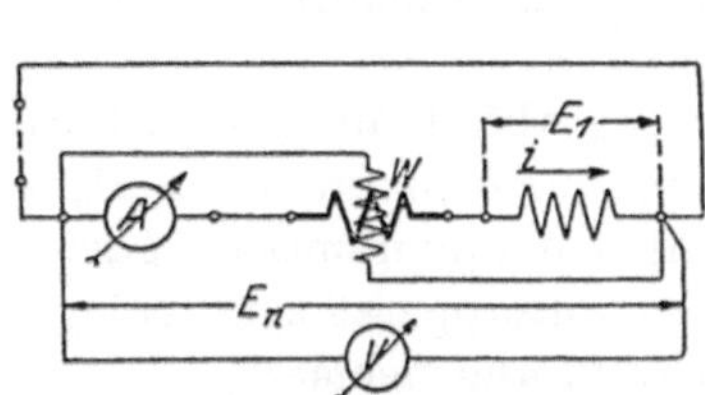

Abb. 109a. Eigenverbrauchsmessung für
den Spannungskreis bei Wechselstrom.

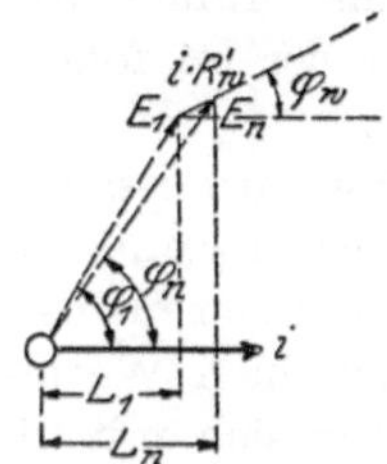

Abb. 109b.
Diagramm zu Abb. 109a.

den Stromspulen des Leistungs- und Strommessers so groß, daß E_1
sehr viel kleiner wird, als E_n, so muß man E_1 berechnen. Die Messung
des Eigenverbrauchs nimmt man dann bei verschiedenen Spannungen
E_n vor und trägt den korrigierten Eigenverbrauch als Funktion von E_1
auf. Aus dieser Kurve kann man den korrigierten Eigenverbrauch für
die Spannung E_n (durch Interpolation) ablesen. E_1 berechnet sich nach
Diagramm Abb. 109b zu

$$E_1 = \sqrt{E_n^2 + (i \cdot R'_W)^2 - 2 E_n \cdot i \cdot R'_W \cdot \cos(\varphi_n - \varphi_W)} \, .$$

Darin sind E_n und i die nach der Schaltung Abb. 109a gemessenen
Größen. R'_W ist der Scheinwiderstand des Leistungs- (und Strom-)
Messers; zu seiner Berechnung muß man den Wirkwiderstand R_W
und die Eigeninduktivität L_W des Leistungs- (und Strom-) Messers
kennen[1]). Die Frequenz f des zur Messung benutzten Wechselstromes
wird man immer feststellen müssen. Dann berechnet sich der Scheinwiderstand

$$R'_W = \sqrt{R_W^2 + (2\pi f L_W)^2} \, .$$

---

[1]) Nach den „Regeln für Meßgeräte" sollen diese Werte auf Präzisionsinstrumenten angegeben sein.

Der Winkel φ_n ist gegeben durch

$$\cos \varphi_n = \frac{L_n}{E_n \cdot i},$$

der Winkel φ_W durch

$$\tan \varphi_W = \frac{2\pi f \cdot L_W}{R_W}.$$

Den Eigenverbrauch im Hauptstromkreis kann man mit einen Leistungsmesser nicht bestimmen, weil der Spannungsabfall an Hauptstromkreis immer so klein ist (etwa 1 V. und weniger), daß die Spannungsspule des Leistungsmessers nicht genügend Strom führen würde, um einen ablesbaren Ausschlag zu erzeugen. Höchstens mit einem hochempfindlichen Spiegeldynamometer wird man eine brauchbare Messung ausführen können. Man muß also zu einer der im folgenden beschriebenen Anordnungen seine Zuflucht nehmen.

Meist interessiert nur der Spannungsabfall am Hauptstromkreis. Zu dessen Messung verwendet man ein hochempfindliches Hitzdraht- oder Thermokreuzinstrument, das als Spannungsmesser geeicht ist. Hat man einen Wechselstromkompensationsapparat zur Verfügung, so arbeitet es sich mit diesem natürlich weit angenehmer.

Elektrometer. Sehr genau kann man mit dem Elektrometer den Eigenverbrauch messen. Es ist zu bedauern, daß das Elektrometer von Hugo Schultze[1]) nicht mehr Eingang in die Laboratorien gefunden hat, weil es wegen seiner großen Empfindlichkeit eine vollständig erschütterungsfreie Aufstellung verlangt. Es soll deshalb davon abgesehen werden, hier auf die Messungen mit dem Elektrometer näher einzugehen. Wer sich dafür näher interessiert, sei auf die Arbeit von Orlich[2]) verwiesen.

Dreivoltmetermethode. Die Dreivoltmetermethode gestattet die in einem induktiven Widerstand verbrauchte Leistung auf folgende Art zu messen: Man schaltet mit dem induktiven Widerstand der Spannungsspule einen induktionslosen Widerstand r in Serie und mißt mit einem statischen Spannungsmesser die Spannungen E_1 an dem unbekannten induktiven Widerstand, E_2 an dem bekannten induktionslosen Widerstand r und E_3 an den Enden beider hintereinandergeschalteter Widerstände (Summenspannung). Dann ist die im unbekannten induktiven Widerstand verbrauchte Leistung

$$L = \frac{1}{2r} (E_3^2 - E_1^2 - E_2^2).$$

---

[1]) Z. Instrumentenk. 1907, S. 65.
[2]) ETZ 1909, S. 435, 466. Besonders in Betracht kommen die Abb. 9, 10 u. 11, S. 438.

Der Leistungsfaktor wird

$$\cos\varphi = \frac{E_3^2 - E_1^2 - E_2^2}{2\,E_1\cdot E_2}.$$

Will man genaue Resultate erhalten, so muß man sehr genau messen, weil man die Leistung aus Differenzenbildung ermittelt.

Verwendet man an Stelle des statischen Spannungsmessers drei dynamometrische Spannungsmesser oder einen an einen Voltmeterersatzschalter angeschlossenen, so muß man den Verlust im Voltmeter noch von der nach der obigen Gleichung berechneten Leistung abziehen. Dadurch wird die Ungenauigkeit noch größer.

Mit dem Wechselstromkompensator mißt man am besten in der Schaltung Abb. 110. Zur Spannungsspule parallel legt man einen sehr hohen induktionsfreien Widerstand r_1 (etwa 100000 Ohm oder mehr) und zweigt von einem kleinen Teil r_1' die zu messende Spannung E_1' ab. Den Vorschaltwiderstand r wird man sehr klein wählen, so daß der Spannungsabfall E_2 etwa gleich E_1' wird, beide sollen in der Nähe von 0,5 V. liegen. E_3' wird dann von der gleichen Größenordnung sein. E_3 kann man mit einem dynamometrischen Spannungsmesser einstellen, es wird sich nur um einen verschwindend kleinen Betrag von E_1 unterscheiden. Man mißt nacheinander E_1', E_2 und E_3'. Der Verbrauch in der Spannungsspule des Zählers berechnet sich zu

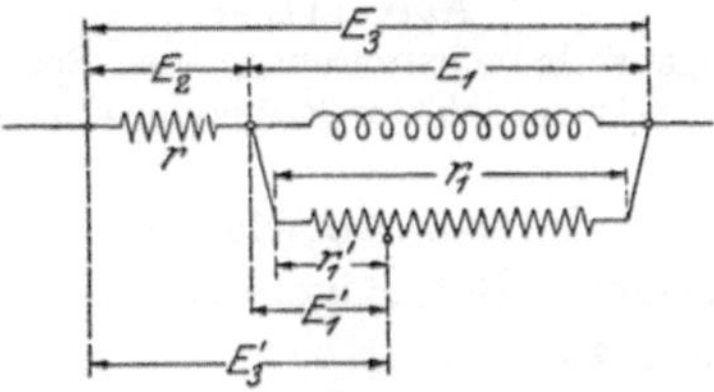

Abb. 110. Dreivoltmeter-Methode; Anordnung für die Messung mit dem Wechselstromkompensator.

$$L = \frac{r_1}{r_1'}\cdot\frac{1}{2r}\cdot(E_3'^2 - E_1'^2 - E_2^2) - \left(\frac{E_1'}{r_1'}\right)^2\cdot r_1.$$

Das Korrektionsglied, das den Verlust im Spannungsteiler r_1 darstellt, kann man sehr klein machen, wenn man nur den Widerstand r_1 groß genug wählt. Somit erhält man ziemlich genaue Werte für den Eigenverbrauch.

Den Leistungsfaktor kann man mit genügender Genauigkeit aus folgender Gleichung berechnen:

$$\cos\varphi = \frac{r_1'\cdot(E_3'^2 - E_1'^2 - E_2^2) - 2\cdot E_1'^2\cdot r}{2\cdot E_1'\cdot E_2\cdot r_1'}.$$

Brückenmethoden. Abb. 111 zeigt eine von Schering[1] angegebene Brückenschaltung zur Messung des Eigenverbrauchs im Spannungskreise von Wechselstromzählern. Z ist die zu messende

____

[1] Z. Instrumentenk. 1922, S. 106.

Spannungsspule des Zählers, R ein fester induktionsfreier Widerstand, M eine feste gegenseitige Induktivität, r und ϱ kleine regelbare Widerstände, am besten Gleitdrähte, durch deren Verstellung der Ausschlag des Vibrationsgalvanometers G auf Null gebracht wird. Durch Verstellen des Widerstands ϱ wird die Amplitude der an ϱ liegenden Span-

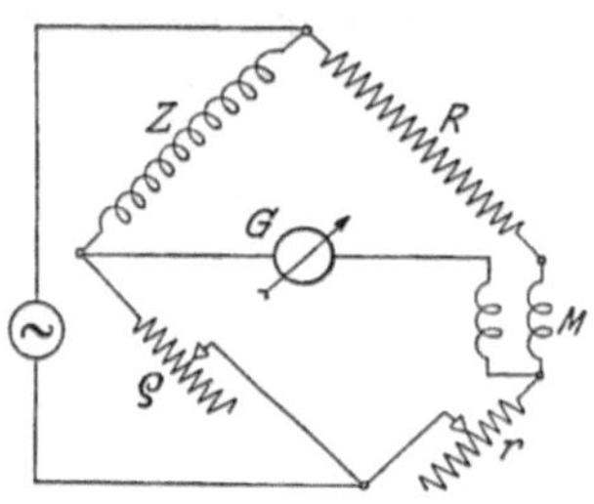

Abb. 111.
Eigenverbrauchsmessung im Spannungskreis nach der Brückenmethode.

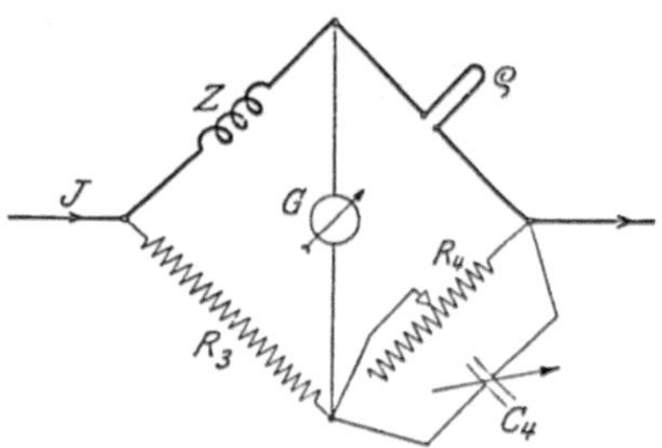

Abb. 112.
Eigenverbrauchsmessung im Hauptstromkreis nach der Brückenmethode.

nung, durch r vorwiegend die Phase der gegengeschalteten Spannung geregelt. Der Eigenverbrauch in der Spannungsspule berechnet sich dann zu

$$L = \frac{E_n^2 \cdot r}{R \cdot \varrho},$$

wenn E_n die Spannung an der Brücke ist und der Spannungsabfall in ϱ so klein ist, daß er vernachlässigt werden kann. Der Leistungsfaktor ist

$$\cos\varphi = \frac{r}{\omega M} \cdot \frac{1}{\sqrt{1 + \left(\frac{r}{\omega M}\right)^2}} = \frac{r}{\omega M} \cdot f.$$

Den Faktor f zeichnet man sich als Funktion von $\frac{r}{\omega M}$ auf. Als zweckmäßige Größen gibt Schering an: $R = 20\,000$ Ohm, $r = 7$ bis 13 Ohm, $\varrho = 20$ bis 70 Ohm, $M = \frac{1}{4\pi} = 0{,}08$ Henry. Um den Einfluß äußerer Streufelder zu vermeiden, sind die Wicklungen für die Gegeninduktivität auf zwei gleiche Rollen verteilt, deren Felder entgegengesetzt gerichtet sind (astatische Anordnung). Die Summe der Induktivitäten der Primärwicklungen wird klein gehalten, z. B. 0,04 Henry.

Zur Messung des Eigenverbrauchs im Hauptstromkreise dient die Schaltung nach Abb. 112. Z ist die Hauptstromspule des Zählers, ϱ ein induktionsfreier Meßwiderstand (Normalwiderstand) von passendem Wert, R_3 und R_4 sind hohe induktionsfreie Widerstände, C_4 ist eine Kapazität von etwa $1\,\mu F$. Man nimmt dazu am besten einen Dreidekaden-Kurbelkondensator und für R_4 einen Kurbelwiderstand. Durch Veränderung von R_4 und C_4 kann man das Vibrationsgalvanometer G auf Null bringen. Hat man nur einen unveränderlichen Kondensator, so muß man R_3 und R_4 veränderlich machen. Der Eigenverbrauch in der Hauptstromspule ergibt sich zu

$$L = J^2 \cdot \varrho \cdot \frac{R_3}{R_4}$$

und der Leistungsfaktor $\cos \varphi = \dfrac{1}{R_4 \cdot \omega C_4} \cdot f$, dabei ist

$$f = \frac{1}{\sqrt{1 + (R_4 \, \omega \, C_4)^2}} \, .$$

Für höhere Stromstärken als 10 A. empfiehlt Schering die Verwendung eines Stromwandlers, wofür er ebenfalls die Gleichungen für den Eigenverbrauch und den Leistungsfaktor angibt.

11. Kurzschlußwindungen.

Durch ungewollte Kurzschlußwindungen in der Wicklung der Spannungsspule wird der Eigenverbrauch, das Drehmoment und die Phasenabgleichung verändert. Zwei neuere Vorrichtungen, welche auch wenige dünne Kurzschlußwindungen nachzuweisen gestatten, sollen im folgenden beschrieben werden.

Abb. 113 zeigt die Schaltung der von der Firma Trüb, Täuber & Co. hergestellten Vorrichtung[1]). Die Sekundärwicklung T_2 eines primär mit 50 Per/sek erregten Transformators ist mit zwei gleichen eisengeschlossenen Drosselspulen D_1 und D_2 zu einer Brückenschaltung verbunden. Zwischen dem

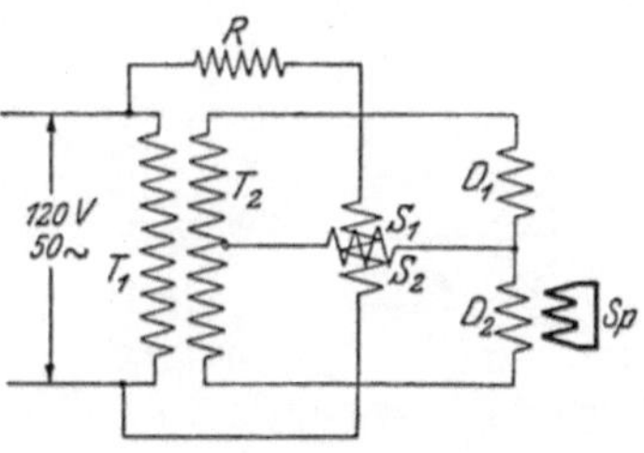

Abb. 113. Kurzschlußprüfer nach A. Täuber-Gretler.

Mittelpunkt der Transformatorwicklung T_2 und dem Mittelpunkt der Drosseln liegt die bewegliche Spule S_2 eines dynamometrischen Instruments. Die feste Spule S_1 ist eisengeschlossen, sie wird über einen Vorschaltwiderstand R an die Netzspannung angeschlossen. Auf die Drosselspule D_2 wird die zu prüfende Spule Sp aufgesteckt. Der Ausschlag am Dynamometer ist dann in Teilstrichen $a = c \cdot n \cdot \dfrac{d^2}{l}$,

wobei n die Windungszahl, l die Länge in m und d den Drahtdurchmesser in mm der Kurzschlußwindung bedeuten. Eine Kurzschlußwindung von 10 cm Länge bei 0,2 mm Drahtdurchmesser ergibt noch einen Ausschlag von 1,5 mm.

---

[1]) Täuber-Gretler, A.: Bull. d. Schweiz. El. Vereins. Bd. 12, 1921, S. 217; ETZ 1922, H. 13, S. 438.

Abb. 114 zeigt die Schaltung, Abb. 115 die Ausführung des Schlußhorchers der Dr. Paul Meyer A.-G.[1]). Durch einen an eine kleine Gleichstromquelle angeschlossenen Summer S wird ein Wechselstrom von etwa 400—500 Per/sek erzeugt. Dieser durchfließt die auf einem

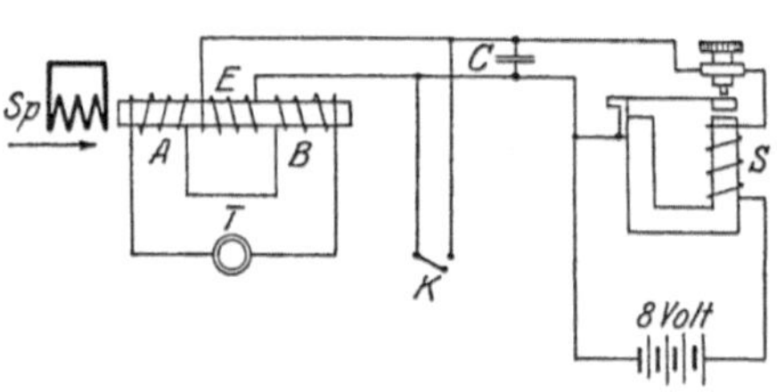

Eisenkern verschiebbar angeordnete Erregerspule E. Auf dem Eisenkern sitzen in Gegenschaltung zwei gleiche Spulen A und B, die über ein Telephon T geschlossen sind. Ein Kondensator C dient zur Funkenunterdrückung am Summer und zur Reinigung des Tons, ein Taster K zum Anlassen des Summers

Abb. 114.
Schlußhorcher der Dr. Paul Meyer A.-G.

durch Kurzschließen des Unterbrecherkontakts. Man stellt die Erregerspule so ein, daß im Telephon kein Ton zu hören ist. Schiebt man nun über die eine der beiden Spulen (z. B. A) die zu prüfende Spule Sp, so spricht das Telephon an. Die Anzahl der kurzgeschlossenen Windungen kann man annähernd durch Normalspulen mit bekannter kurzge

Abb. 115.   Schlußhorcher der Dr. Paul Meyer A.-G.

schlossener Windungszahl bestimmen. Entweder kompensiert man die Wirkung der zu prüfenden Spule durch die Normalspule, indem man sie auf die freie Spule B wirken läßt, oder man vergleicht die Tonstärke der Normalspule mit der zu prüfenden Spule. Bei richtiger Einstellung lassen sich 1—2 Kurzschlußwindungen von je 7 cm Länge bei einem Drahtdurchmesser von nur 0,09 mm einwandfrei feststellen.

12. 90°-Verschiebung.

Sollen Wechselstrominduktionszähler auch bei Phasenverschiebungen im Netze richtig zeigen, so muß die Bedingung erfüllt sein,

---

[1]) Vgl. auch Meyer, Georg J.: ETZ 1923, H. 35, S. 830.

daß sich der Winkel φ zwischen Netzstrom und Netzspannung mit dem Winkel ψ zwischen dem Hauptstromfeld und dem Spannungsfeld des Zählers zu 90^0 ergänzt, $\psi \pm \varphi = 90^{0}$ [1]).

a) Stillstandsmethode. Ist die genannte Bedingung erfüllt, so muß, wenn $\varphi = 90^0$ ist, die mit dem Leistungsmesser gemessene Leistung $L = E \cdot J \cdot \cos \varphi = 0$ sein. Dann müßte zugleich auch das Drehmoment des Zählers, welches proportional $\sin \psi$ ist, Null werden, denn ψ müßte dann $= 0^0$ sein. Nun ist aber, vor allem bei Spannungs- und Frequenzänderung, $\psi \pm \varphi$ meist nicht genau $= 90^0$, sondern weicht um einen kleinen Winkel δ von 90^0 ab: $\psi \pm \varphi = 90^0 + \delta$. Stellt man also den Zähler auf Stillstand ein, so zeigt der Leistungsmesser, da

$$\pm \varphi = 90^0 - \psi + \delta \quad \text{und} \quad \psi = 0:$$
$$L = E \cdot J \cdot \cos(90^0 + \delta).$$

Hier kommt nur das positive Vorzeichen in Frage, weil $\cos(+\varphi)$ und $\cos(-\varphi)$ beide positiv sind. Nun ist

$$\cos(90^0 + \delta) = - \sin \delta,$$

also wird

$$L = - E \cdot J \cdot \sin \delta$$

und

$$\delta \sim \sin \delta = - \frac{L}{E \cdot J}.$$

Den Bogen δ kann man, da er meist sehr klein ist, $\sin \delta$ gleichsetzen. Will man δ in Winkelgraden erhalten, so muß man schreiben

$$\delta = - \frac{L}{E \cdot J} \cdot \frac{180}{\pi} \quad \text{Winkelgrade.}$$

δ wird negativ, wenn L positiv ist. Dies tritt ein, wenn der Fluß des Spannungskreises Φ_E der Spannung E um weniger als 90^0 nacheilt. In dem Diagramm Abb. 116a ist dieser Fall dargestellt. Es ist dabei der Einfachheit wegen angenommen, daß der Fluß Φ_J des Hauptstromkreises mit dem Hauptstrom J in Phase ist. Φ_E und Φ_J fallen zusammen, $\psi = 0$, der Zähler steht still. Der Leistungsmesser zeigt dagegen nicht auf Null, sondern zeigt die kleine positive Leistung

$$L = E \cdot J \cdot \cos(90^0 - \delta)$$

an. δ wird dagegen positiv, wenn der Fluß des Spannungskreises um mehr als 90^0 der Spannung nacheilt, wie in Abb. 116b dargestellt ist. Der Leistungsmesser zeigt dann die negative kleine Leistung

$$-L = E \cdot J \cdot \cos \cdot (90^0 + \delta).$$

---

[1]) Das obere Vorzeichen gilt für induktive, das untere für kapazitive Last. Ausführliche Theorie der 90^0-Verschiebung siehe Schmiedel: Wirkungsweise und Entwurf, S. 15ff.

Es sei darauf hingewiesen, daß man auf die geschilderte Art und Weise nur dann den wahren Winkel δ mißt, wenn kein störendes vorwärtstreibendes Drehmoment, wie man es zur Kompensation der Reibung benutzt, vorhanden ist. Wird dieses nicht beseitigt, so mißt man den „wirksamen" Winkel δ. Dieser ist es aber meist, den man sucht, weil er für die Angaben des Zählers bei Phasenverschiebung im Netz ausschlaggebend ist.

Zu beachten ist bei der Messung, daß man zur Bestimmung von δ am besten so vorgeht, daß man erst den Zähler vorwärtslaufen läßt, dann die Phase der Spannung mit dem Phasenschieber so lange gegen die Phase des Stromes vorschiebt, bis der Zähler gerade stillsteht und die Leistung am Leistungsmesser abliest, dann schiebt man im

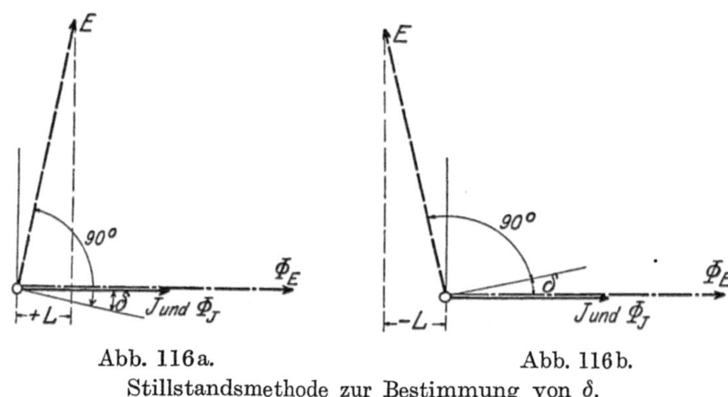

Abb. 116a.   Abb. 116b.
Stillstandsmethode zur Bestimmung von δ.

gleichen Sinne weiter, bis der Zähler deutlich rückwärtsläuft und kehrt erst dann die Richtung um. Man schiebt die Phase der Spannung dann so lange nach rückwärts, bis der Zähler vom Rückwärtslauf gerade auf Stillstand kommt und liest wieder die Leistung am Leistungsmesser ab. Das Mittel aus beiden Ablesungen am Leistungsmesser benutzt man zur Berechnung von δ. Die Spannung E und der Strom J müssen natürlich für beide Messungen genau gleich bleiben. Zur Erhöhung der Genauigkeit der Messung entfernt man den Bremsmagnet.

Ferner muß jede Unsymmetrie im Hauptstromkreise, durch welche ein Leerlauf des Zählers bei unerregtem Spannungskreise auftritt, sorgfältig vermieden werden. Man muß dies vor jeder Messung nachprüfen[1]).

Eine erhebliche Verfeinerung der Messung erreicht man, wenn man die Triebscheibe mit ihrer Achse an einem feinen Manganin-

---

[1]) Vgl. El. u. Maschinenb. Wien 1912, Heft 7, S. 156. Schlußbemerkungen.

draht aufhängt und ihre Nullage durch gegenseitiges Verschieben von Strom und Spannung in der beschriebenen Weise herbeiführt[1]). Dadurch, daß man den Stillstand einmal bei Voreilung, das andere Mal bei Nacheilung der Spannung gegen den Hauptstrom bestimmt und das Mittel aus beiden Messungen nimmt, kann man den Einfluß eines etwaigen Triebes durch Unsymmetrie des Hauptstromflusses beseitigen.

b) Winkelmessungen mit Hilfsspule. Will man den wahren Winkel δ messen, so kann man sich auch der Messung mittels Hilfsspule bedienen. Man kann damit sowohl die Phasenverschiebung zwischen der Spannung E und dem motorisch wirksamen Fluß Φ_E, als auch die zwischen dem Hauptstrom J und dem motorisch wirksamen Fluß Φ_J bestimmen. Da eine solche Messung nur Interesse für wissenschaftliche Untersuchungen hat, soll sie hier nur erwähnt werden[2]).

13. Felder.

a) Gleichstrom. Die Verteilung des Hauptstromfeldes kann man bei dynamometrischen Wattstundenzählern durch Rechnung finden, wenn man die darüber vorhandene Literatur benutzt[3]). Man muß dazu allerdings die Abmessungen und die Windungszahlen der Hauptstromspulen kennen.

Experimentell kann man das Feld mit einer geeichten Wismutspirale, die man entweder mit einem hochempfindlichen Galvanometer in einem Stromkreis hintereinanderschaltet oder deren durch das Feld hervorgerufene Widerstandsänderung man in einer Brückenschaltung mißt, feststellen. Die Messung ist aber recht schwierig, weil die Widerstandsänderungen sehr klein sind und der Einfluß der Temperatur genau berücksichtigt werden muß.

Hat man ein hochempfindliches Gleichstromgalvanometer zur Verfügung, so kann man die ballistische Methode zur Feldmessung verwenden. Man bringt eine kleine Spule, deren Windungszahl und Abmessungen genau bekannt sind, an die Stelle, an der man das Feld messen will und schließt sie über einen passend bemessenen Vorschaltwiderstand an das Galvanometer an. Beim Ein- oder Ausschalten der Hauptstromspulen des Zählers entsteht dann an den Enden der Meßspule eine Spannung $e = \mathfrak{H} \cdot q \cdot n$, worin $\mathfrak{H}$ die gesuchte Feldstärke, q den mittleren Windungsquerschnitt und n die Windungszahl der Meßspule bedeutet. Ist r der Gesamtwiderstand des Schließungs-

---

[1]) Schering und Schmidt: Z. Instrumentenk. 1920, S. 138.
[2]) Vgl. z. B. Schmiedel: Wirkungsweise u. Entwurf. S. 37. — Möllinger: Wirkungsweise der Motorzähler, S. 186. — Schering und Schmidt: Z. Instrumentenk. 1923, S. 85.   [3]) Schmiedel: l. c., S. 141 ff.

kreises (Galvanometer + Vorschaltwiderstand + Meßspule), so ist die durch das Galvanometer fließende Elektrizitätsmenge

$$Q = \frac{\mathfrak{H} \cdot q \cdot n}{r} = C \cdot \alpha.$$

C ist die sogenannte „ballistische" Galvanometerkonstante, die man durch Eichung mit einer Normalspule bestimmt hat[1]), α der „ballistische" Ausschlag des Galvanometers. Es wird also die Feldstärke

$$\mathfrak{H} = \frac{C \cdot \alpha \cdot r}{q \cdot n}.$$

So kann man an jeder Stelle die Feldstärke bestimmen. Will man einen größeren Galvanometerausschlag erhalten, so kommutiert man den Hauptstrom von $+J$ auf $-J$.

Will man das Ankerfeld auf die gleiche Art messen, so macht man die Meßspule so groß, daß sie den ganzen Anker eng umschließt und verfährt auf die gleiche Weise. Man mißt dabei das mittlere Ankerfeld.

b) Permanente Magnete. Um den Kraftfluß im Luftspalt eines permanenten Magnets (Bremsmagnets) zu messen, benutzt man eine flache Spule, deren Windungen den zu messenden Kraftfluß umfassen. Den die Spule durchsetzenden Kraftfluß bringt man zum Verschwinden, indem man den Magnet schnell über die Spule wegzieht oder umgekehrt die Spule durch den Luftspalt des Magnets. Die Enden der Spule sind an ein ballistisches Galvanometer angeschlossen. In gleicher Weise, wie unter a) beschrieben. kann man aus dem ballistischen Ausschlag des gesamten Kraftfluß bestimmen.

Zu Vergleichsmessungen zwecks Abgleichung der Bremsmagnete auf die richtige Stärke benutzt man meist eine durch einen kleinen Motor mit konstantem Drehmoment in Drehung versetzte Bremsscheibe und läßt auf diese den Bremsmagnet einwirken. Die Umdrehungszahl in der Zeiteinheit ist dann ein Maß für die Feldstärke des Bremsmagnets. Verwendet man als Antriebsmotor z. B. einen Amperestundenzähler ohne Bremsung[2]), so ist die Feldstärke des geprüften Bremsmagnets proportional der Quadratwurzel aus dem reziproken Wert der Umdrehungen in der Zeiteinheit. Die Umdrehungszahl bestimmt man entweder mechanisch oder elektrisch durch Messung der Spannung an den Enden einer Hilfswicklung, die man auf den Ankerkern des Motors gewickelt hat.

---

[1]) Vgl. z. B. Gumlich: Leitfaden der magnetischen Messungen. S. 57 ff. Braunschweig: Vieweg 1918.   [2]) Vgl. oben S. 131.

Man kann auch eine drehbar gelagerte flache Spule, die von einem konstanten Strom durchflossen wird, durch die zu vergleichenden Magnete beeinflussen. Ihr vermittels Zeiger und Skala gemessener Ausschlag ist ein Maß für die Feldstärke[1]).

Ein sehr praktischer Magnetmeßapparat ist von der Firma H. Aron[2]) hergestellt worden. Abb. 117 zeigt sein Inneres nach Entfernung der Schutzhüllen. Eine Scheibe S ist an einer vertikalen Achse befestigt, die oben einen über einer Skala spielenden Zeiger Z trägt. Dreht man den auf der Achse sitzenden Kordelknopf K links herum, so schnappt der auf der Achse befestigte Arm A hinter den Anschlag B. Zugleich wird mittels der Arme C und D die Feder F gespannt. Drückt man auf den Taster T, so wird die Scheibe freigegeben, die Feder F wirft sie an, bis der Hebel D an dem Haltepunkt H anschlägt. Dann setzt sich die Bewegung der Scheibe nur unter dem Einfluß des Bremsmagnets M bis zum Stillstand fort. Der gemessene Ausschlag ist annähernd proportional dem reziproken Wert des Quadrats des Bremsflusses. Man eicht den Apparat mit Normalmagneten, die man nach Umdrehungszahlen benennt, welche sie beim Einsetzen in einen Normalzähler machen.

c) Wechselstrom. Wechselfelder kann man mit einer Meßspule messen, an deren Enden man die Spannung mit dem Wechselstromkompensator oder mit dem

Abb. 117. Magnetmeßapparat der Firma H. Aron.

Elektrometer bestimmt. Auch mit einem stromverbrauchenden Instrument kann man die Messung vornehmen, wenn man die nötigen Korrekturen anbringt. Hat die Meßspule n Windungen und einen Windungsquerschnitt q, so ist die von der maximalen Induktion $\mathfrak{B}$ in ihr hervorgerufene EMK

$$e = 4{,}44 \cdot f \cdot \mathfrak{B} \cdot q \cdot n \cdot 10^{-8}\,\text{V}.$$

4,44 ist dabei $4 \cdot \dfrac{\pi}{2\sqrt{2}}$, wo $\dfrac{\pi}{2\sqrt{2}}$ der Formfaktor unter Annahme von

---

[1]) Apparate von Siemens & Halske, Hartmann & Braun.
[2]) Die Bergmann-Elektrizitätswerke haben einen etwas abgeänderten Apparat veröffentlicht: ETZ 1923, S. 352.

sinusförmigem Verlauf der Spannung ist, f die Frequenz des Wechselstromes. Daraus berechnet sich

$$\mathfrak{B} = \frac{e}{4{,}44 \cdot f \cdot q \cdot n} \cdot 10^8 \text{ Gauß}.$$

14. Strömung in der Scheibe.

Die Strömung in der Scheibe selbst, die bei ihrer Bewegung in Wechsel- oder Gleichfeldern oder durch Induktion ruhender Wechselfelder hervorgerufen wird, ist bisher an praktisch ausgeführten Zählern noch nicht gemessen worden. Man würde dazu so empfindliche Apparate brauchen, daß man nur unter Beachtung außerordentlicher Vorsichtsmaßregeln brauchbare Resultate erlangen kann. Den Verlauf der Strömung hat Bäumler[1]) dadurch bestimmt, daß er unter Benutzung der Analogie zwischen elektrischen und magnetischen Strömungen die Wechselfelder durch stromdurchflossene Leiter ersetzt und das entstehende Kraftlinienbild durch auf ein Kartonblatt gestreute Eisenfeilspäne festlegt.

15. Bürsten-Übergangswiderstand bei Gleichstrom-Amperestundenzählern.

Bei Gleichstrom-Amperestundenzählern führt der Bürsten-Übergangswiderstand oft zu großen Beanstandungen. Zumal nach längerem Betrieb wächst er durch Oxydation des Materials des Kollektors und der Bürsten und durch Verschmutzung infolge mechanischen Verschleißes zu beträchtlichen Werten an. Es ist also immer von großem Interesse, ihn zu kennen. Man kann ihn bestimmen durch Messung des gesamten Widerstandes zwischen den Abzweigungen vom Nebenschlußwiderstand (Shunt) und des reinen Ankerwiderstandes. Die Differenz beider ergibt den Bürsten-Übergangswiderstand. Bei der Messung des reinen Ankerwiderstands muß man dabei besondere Kontakte an die Kollektorlamellen anlegen, was immer eine mißliche Sache ist, da man leicht an die Bürsten anstößt und den Berührungszustand ändert.

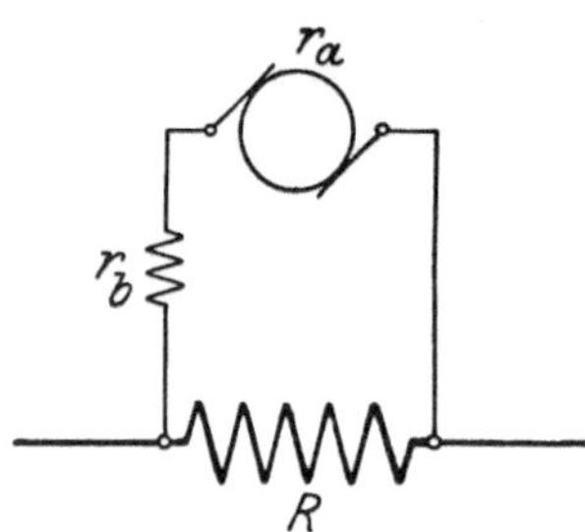

Abb. 118. Bürstenübergangswiderstand, Ersatzschaltung.

Die im folgenden beschriebene Methode ermöglicht es, die Messung nur an den Enden des von dem Nebenschlußwiderstand gelösten Ankerstromkreises vorzunehmen.

---

[1]) Vgl. v. Krukowski: l. c., S. 18.

Der reine Ankerwiderstand r_a und der Bürsten-Übergangswiderstand r_b können wie zwei hintereinandergeschaltete Widerstände entsprechend dem Schema der Abb. 118 betrachtet werden. Nun bringt man den Anker in eine solche Stellung, daß die Bürsten, wie in Abb. 119a für offene Schaltung gezeichnet, je eine Lamelle berühren. Dabei mißt man den Gesamtwiderstand $r_1 = r_a + r_b$. In dieser Lage ist $r_a = 2r$, wenn jeder Zweig der Ankerwicklung den Widerstand r hat. Berührt nun eine Bürste zwei Lamellen, entsprechend Abb. 119b, so tritt an Stelle von r_a der Wert $^3/_4\, r_a = 1{,}5\, r$ und es wird $r_2 = {}^3/_4\, r_a + r_b$. Aus beiden Messungen erhält man also den reinen Ankerwiderstand

$$r_a = 4\,(r_1 - r_2)$$

und den Bürstenübergangswiderstand

$$r_b = 4\,r_2 - 3\,r_1\,.$$

Für geschlossene Schaltung eines dreiteiligen Ankers sind die Werte die gleichen, wie sich aus Abb. 120a und b ergibt. Es wird dabei $r_a = {}^2/_3\, r$ in der einen, $r_a = {}^1/_2\, r$ in der anderen Stellung; das Verhältnis der Widerstände ist wieder $^3/_4$.

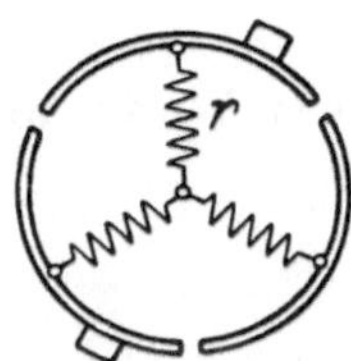

Abb. 119a.	Abb. 119b.	Abb. 120a.	Abb. 120b.
Offene Ankerschaltung.		Geschlossene Ankerschaltung.	
Bürsten auf je einer Lamelle.	Eine Bürste auf zwei Lamellen	Bürsten auf je einer Lamelle.	Ein Bürste auf zwei Lamellen.

Um die Größenordnung des Bürsten-Übergangswiderstandes zu verdeutlichen, sei im folgenden ein Zahlenbeispiel angeführt, das für einen Flachankerzähler nach Dauerschaltung von einigen Monaten ausgeführt wurde. Es wurde bei drei verschiedenen Strömen i gemessen.

i	r_1	r_2	r_a	r_b
0,0151 A.	17,6 Ω	13,44 Ω	16,64 Ω	0,96 Ω
0,0082 A.	17,57 Ω	13,43 Ω	16,56 Ω	1,01 Ω
0,00439 A.	17,55 Ω	13,42 Ω	16,52 Ω	1,03 Ω.

Als Mittelwert ergibt sich demnach etwa 1 Ω Bürsten-Übergangswiderstand.

16. Gegenelektromotorische Kraft bei Gleichstromzählern.

Die Klemmenspannung an den Enden des Ankerkreises einschließlich des Vorschaltwiderstandes ist

$$E_K = i\,(r_a + r_v) + E,$$

r_a ist dabei der reine Ankerwiderstand, r_v der Vorschaltwiderstand, i der Ankerstrom, E die Gegen-EMK des Ankers.

Bei Wattstundenzählern ist der Vorschaltwiderstand r_v meist so groß, daß die Gegen-EMK des Ankers zu vernachlässigen ist. Bei Amperestundenzählern mit Bremsung ist sie jedoch ziemlich beträchtlich, da sie aber proportional der Geschwindigkeit wächst, stört sie die Angaben nicht. Immerhin hat man meist Interesse daran, ihren Wert zu kennen. Man mißt einmal den Ankerstrom und die Klemmenspannung bei Stillstand und erhält

$$E_{K_1} = i\,(r_a + r_v).$$

Das andere Mal mißt man beim gleichen Strom die Klemmenspannung bei einer bestimmten Umdrehungszahl in der Sekunde und erhält

$$E_{K_2} = i\,(r_a + r_v) + E.$$

Es ist also

$$E = E_{K_2} - E_{K_1}.$$

Für einen Amperestundenzähler sind die gemessenen Werte in Abb. 121 zahlenmäßig aufgetragen.

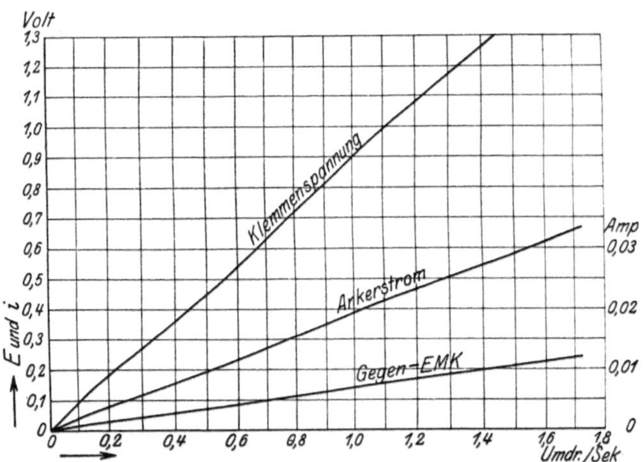

Abb. 121. Gegenelektromotorische Kraft, Klemmenspannung und Ankerstrom.

Es sei bemerkt, daß man den Ankerwiderstand für die Stellung der Bürsten nehmen muß, wo jede Bürste nur eine Kollektorlamelle berührt. Denn bei der Bewegung des Ankers berühren die Bürsten nur kurzzeitig zwei Lamellen, so daß diese Stellung vernachlässigt werden kann.

17. Schiefe Aufhängung.

Schiefe Aufhängung der Zähler kann die Angaben erheblich beeinflussen, auch wenn sie nur einige Winkelgrade beträgt. Bei Zählern mit schwerem Anker, insbesondere bei Amperestundenzählern, ist die Reibung im Oberlager, das fast immer als Halslager ausgebildet wird, von dem wachsenden seitlichen Druck abhängig. Man bringt deshalb bei den Amperestundenzählern manchmal Pendellote an, um bei der Montage auf die Notwendigkeit richtiger Aufhängung hinzuweisen. In Abb. 122 ist der Einfluß einer um 5° schiefen Aufhängung, auf die Angaben eines Amperestundenzählers gezeigt.

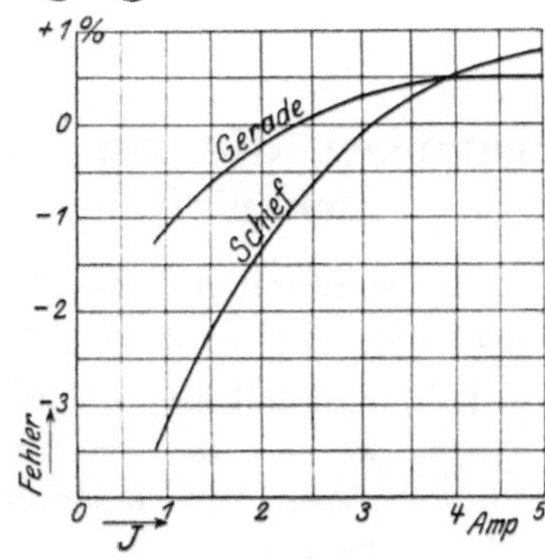

Abb. 122. Schiefe Aufhängung.

Anhang.

Prüfungen, die zur vollständigen Beurteilung eines Elektrizitätszählers erforderlich sind.

Zur vollständigen Beurteilung der Eigenschaften eines Wechselstromzählers sind folgende Prüfungen erforderlich:

1. a) Feststellung, ob die Angabe auf dem Zählerschild: 1 Kilowattstunde $= a$ Umdrehungen, mit den wirklichen Verhältnissen übereinstimmt (Übersetzungsverhältnis des Zählwerks).

   b) Messung der Isolation der Spulen gegen Gehäuse und gegeneinander.

2. Einstellung des Zählers nach besonderer Eichvorschrift, wenn es sich um Untersuchung eines neuen Apparates handelt.

3. Messung des Anlaufstromes bei Nennspannung. Der Anlaufstrom soll höchstens $1\,^0/_0$ des Nennstroms sein (vgl. I, 3 und VII, 4).

4. a) Feststellung des Vorlaufs bei einer die Nennspannung um $10\,^0/_0$ übersteigenden Spannung. Der Vorlauf soll nicht größer sein, als $^1/_{500}$ der Nennleistung des Zählers entspricht (vgl. I, 3 und VII, 4).

   b) Feststellung, ob der Zähler bei abgeschaltetem Spannungskreis, aber eingeschaltetem Hauptstromkreis vor- oder rückwärts läuft.

5. Fehlermessungen (vgl. I, 3 und VI).

   a) Fehler in Abhängigkeit vom Hauptstrom zwischen $5\,^0/_0$ und $150\,^0/_0$ des Nennstroms. Die Nennwerte der Spannung und Frequenz sind dabei konstant zu halten, der Leistungsfaktor ist 1 und für eine zweite Meßreihe 0,5.

   b) Fehler in Abhängigkeit vom Leistungsfaktor, einmal beim Nennstrom, das andere Mal bei der Hälfte des Nennstroms. Dabei Nennspannung und Nennfrequenz konstant.

   c) Fehler bei $10\,^0/_0$ über und $10\,^0/_0$ unter der Nennspannung liegender Spannung, wobei Nennfrequenz konstant und Leistungsfaktor 1 konstant, der Hauptstrom gleich dem Nennstrom und bei einer zweiten Meßreihe $10\,^0/_0$ des Nennstroms ist.

d) Fehler bei 5 % über und 5 % unter der Nennfrequenz liegenden Frequenz, wobei Nennstrom und Nennspannung konstant, der Leistungsfaktor 1 und bei einer zweiten Meßreihe 0,5 ist.

e) Fehler bei einer um etwa 20° höheren und 20° niedrigeren Temperatur als die Zimmertemperatur (18° C).

f) Bei Mehrphasenzählern muß man noch den Einfluß einseitiger Belastung und ungleicher verketteter oder Sternspannungen prüfen. Ebenso ist der Einfluß der Drehrichtung des Drehfeldes festzustellen.

6. Feststellung des Eigenverbrauchs im Hauptstrom- und Spannungskreis, des Spannungsabfalles am Hauptstromkreis und des Stromes im Spannungskreis (vgl. VII, 10).

7. Feststellung des Drehmoments (vgl. VII, 1).

8. Feststellung der Temperaturerhöhung bei einstündiger Überlastung mit einem 50 % den Nennstrom übersteigenden Strom (evtl. auch bei einige Minuten lang den Nennstrom um 100 % übersteigenden Strom) (vgl. VII, 9)[1].

9. Feststellung des Einflusses einer dauernden Belastung über 1 bis 2 Monate mit der Vollast oder besser einer wechselnden Last auf die Angaben.

10. Feststellung des Einflusses eines oder mehrerer Kurzschlüsse mit einer Sicherung, die für den Nennstrom und die Nennspannung bemessen ist, auf die Angaben des Zählers.

11. Feststellung der Reibung vor und nach der Dauereinschaltung (vgl. VII, 2).

Will man die elektrischen und magnetischen Eigenschaften gesondert feststellen, so macht man folgende Prüfungen:

12. Abweichung von der 90°-Verschiebung (vgl. VII, 12).
   a) Winkel δ in Abhängigkeit vom Hauptstrom.
   b) „ „ „   „   von der Spannung.
   c) „ „ „   „   „ „ Frequenz.

13. Bremsung durch die magnetischen Flüsse des Hauptstrom- und Spannungskreises (vgl. VII, 5).

Der Einfluß von stoßweisen Belastungen und der Kurvenform (vgl. VII, 6 und 7) ist meist so klein, daß man von der Feststellung desselben absehen kann.

Bei Gleichstromzählern macht man entsprechende Messungen und fügt gegebenenfalls noch die unter VII, 13, 15, 16 und 17 beschriebenen hinzu.

---

[1] Entsprechend den Normen für Elektrizitätszähler des V.D.E.: ETZ 1922, S. 519.

Elektrotechnische Meßkunde. Von Dr.-Ing. **P. B. Arthur Linker.** Dritte, völlig umgearbeitete und erweiterte Auflage. Mit 408 Textfiguren. Unveränderter Neudruck. 1923. Gebunden 11 Goldmark / Gebunden 2.70 Dollar

Elektrotechnische Meßinstrumente. Ein Leitfaden. Von **Konrad Gruhn,** Oberingenieur und Gewerbestudienrat. Zweite, vermehrte und verbesserte Auflage. Mit 321 Textabbildungen. 1923.
Gebunden 7 Goldmark / Gebunden 1.70 Dollar

Meßgeräte und Schaltungen für Wechselstrom-Leistungsmessungen. Von **Werner Skirl,** Oberingenieur. Zweite, umgearbeitete und erweiterte Auflage. Mit 41 Tafeln, 31 ganzseitigen Schaltbildern und zahlreichen Textbildern. 1923.
Gebunden 8 Goldmark / Gebunden 1.95 Dollar

Meßgeräte und Schaltungen zum Parallelschalten von Wechselstrom-Maschinen. Von **Werner Skirl,** Oberingenieur. Zweite, umgearbeitete und erweiterte Auflage. Mit 30 Tafeln, 30 ganzseitigen Schaltbildern und 14 Textbildern. 1923.
Gebunden 5 Goldmark / Gebunden 1.20 Dollar

Die Materialprüfung der Isolierstoffe der Elektrotechnik. Herausgegeben von **Walter Demuth,** Oberingenieur, Vorstand des Mechan.-Techn. Laboratoriums der Porzellanfabrik Hermsdorf i. Th., unter Mitarbeit der Oberingenieure **Hermann Franz** und **Kurt Bergk.** Zweite, vermehrte und verbesserte Auflage. Mit 132 Abbildungen im Text. 1923. Gebunden 12 Goldmark / Gebunden 2.90 Dollar

Kurzes Lehrbuch der Elektrotechnik. Von Professor Dr. **Adolf Thomälen,** Karlsruhe. Neunte, verbesserte Auflage. Mit 555 Textbildern. 1922. Gebunden 9 Goldmark / Gebunden 2.15 Dollar

Die wissenschaftlichen Grundlagen der Elektrotechnik. Von Prof. Dr. **Gustav Benischke.** Sechste, vermehrte Auflage. Mit 633 Abbildungen im Text. 1922.
Gebunden 18 Goldmark / Gebunden 4.30 Dollar

Kurzer Leitfaden der Elektrotechnik für Unterricht und Praxis in allgemeinverständlicher Darstellung. Von Ingenieur **Rudolf Krause.** Vierte, verbesserte Auflage herausgegeben von Prof. **H. Vieweger.** Mit 375 Textfiguren. 1920. Gebunden 6 Goldmark / Gebunden 1.45 Dollar

Theorie der Wechselströme. Von Dr.-Ing. **Alfred Fraenckel.** Zweite, erweiterte und verbesserte Auflage. Mit 237 Textfiguren. 1921.
Gebunden 11 Goldmark / Gebunden 2.65 Dollar

Berichtigung.

Die Formel für Wechselstromzähler in Verbindung mit Meßwandlern auf Seite 8 muß heißen:

$$\pm F = 2 + 0{,}2\,\frac{P_N}{P} + \frac{1}{2}\left(1 + 0{,}2\,\frac{J_N}{J}\right)\cdot \tan\varphi$$

Berichtigung.

Die Formel für Wechselstromzähler in Verbindung mit Meßwandlern auf Seite 8 muß heißen:

$$\pm F = 2 + 0{,}2\,\frac{P_N}{P} + \frac{1}{2}\left(1 + 0{,}2\,\frac{J_N}{J}\right) \cdot \tan\varphi$$